Die
Wissenschaftliche Weltauffassung

Lothar Arendes

Die Wissenschaftliche Weltauffassung

Wissenschaftliche Naturphilosophie

Bibliografische Information der Deutschen Nationalbibliothek: Die Deutsche Nationalbibliothek verzeichnet diese Publikation in der Deutschen Nationalbibliografie; detaillierte bibliografische Daten sind im Internet über dnb.dnb.de abrufbar.

Lothar Arendes: Die Wissenschaftliche Weltauffassung. Wissenschaftliche Naturphilosophie

Veröffentlichung der 1. Auflage 2023

© 2024 Lothar Arendes. Ein wenig verbesserte 2. Auflage

Herstellung und Verlag: BoD - Books on Demand, Norderstedt
Galaxiebild auf der Vorderseite von pixabay.com

ISBN: 9783757805661

Inhalt

Abkürzungen:
ART: Allgemeine Relativitätstheorie
QFT: Quantenfeldtheorie
QM: Quantenmechanik
RT: Relativitätstheorie
LSP: Leib-Seele Problem
TD: Thermodynamik
WA: Weltauffassung
WWA: Wissenschaftliche Weltauffassung
WW: Wechselwirkung

Teil I:

Beschreibung der
wissenschaftlichen Weltauffassung

1. Detailkenntnisse versus Überblick

Das 20. Jahrhundert war ein Jahrhundert, in dem die Naturwissenschaften zu einer großen Vielzahl von Ergebnissen gelangten, welche die technische Entwicklung beschleunigten und dadurch die gesamte Gesellschaft grundlegend veränderten. Parallel zu diesen Erfolgen in den Detailfragen der einzelnen Forschungsdisziplinen wurde jedoch das Gesamtbild unseres Verständnisses von der Natur, von der Welt in ihrem Grundaufbau, immer unklarer. Das klassische wissenschaftliche Weltbild, welches ein physikalisch-chemisches Weltbild war, basierte auf den zwei Säulen des Atomismus und Mechanismus. Beginnend mit den Atomisten des 17. Jahrhunderts wurde angenommen, die Welt würde aus kleinsten Bausteinen, Atomen, bestehen, aus denen sich alle anderen Objekte baukastenartig zusammensetzen würden.[1] Zusätzlich glaubte man an eine mechanistische Dynamik dieser Objekte, wonach die Anfangskonstellation dieser Objekte und der zusätzlich angenommenen physikalischen Grundkräfte die weitere Entwicklung der Welt für die gesamte Zukunft eindeutig festlegen würde: Alle Objekte bewegen sich unverändert geradlinig, solange ihre Bewegungsrichtung oder Geschwindigkeitsgröße nicht durch auf sie wirkende Kräfte geändert wird. Im Rahmen dieses atomistisch-mechanistischen Weltbildes glaubte man, dass über diese materiellen Objekte und den Grundkräften hinausgehend keine weiteren Entitäten existieren würden, und Vermutungen über zusätzliche biologische oder gar psychologische und soziologische Wesenheiten wurden teilweise sogar als unwissenschaftlich diffamiert.

---

[1] Diese Atome sind nicht zu verwechseln mit den heutigen physikalischen Atomen, welche sich aus noch kleineren Bestandteilen zusammensetzen.

Die Wissenschaftlergemeinschaft ist allerdings nie ein homogener Block, in dem alle dasselbe glauben. Neben dem scheinbar gesicherten Grundwissen, das fast alle teilen, gibt es die Bereiche der Forschung, in denen die Meinungen teilweise sehr weit auseinander gehen. Es gab immer Wissenschaftler, die das atomistisch-mechanistische Weltbild nicht akzeptierten. In der Biologie gab es immer wieder Forscher, die das scheinbar zielgerichtete Verhalten biologischer Vorgänge nicht für erklärbar hielten im Rahmen einer mechanistischen Dynamik. Das Herz hat die Funktion, die Blutzirkulation aufrechtzuerhalten, um dadurch den Organismus am Leben zu erhalten. Aber wie soll man dieses zweckhafte Verhalten mit Hilfe der physikalischen Kräfte mechanistisch erklären? Viele Biologen sahen in dieser Fragestellung schon immer ein grundsätzliches Problem, wohingegen die Mechanisten annahmen, es läge hier kein grundsätzliches Versagen der Physik vor, vielmehr könne man das Verhalten von Herz und Kreislauf nur deshalb nicht mathematisch gemäß den physikalischen Prinzipien errechnen, weil dieses und ähnliche Systeme sehr komplex und deshalb von Menschen aus praktischen Gründen mathematisch nicht errechenbar seien. Das atomistisch-mechanistische Weltbild stand aber noch anderen Problemen gegenüber. So war immer unklar, wie man auf dieser Grundlage das Bewusstsein erklären könne. Psychische Qualitäten wie Farben, Töne und Gefühle sind nicht einfach nur Zusammensetzungen aus Atomen. Um diesem Problem zu entgehen, nahmen immer wieder manche Wissenschaftler recht kuriose Einstellungen an; so negierten sogar die Behavioristen im 20. Jahrhundert die Existenz von Bewusstsein. Um derartigen externen Problemen des klassischen Weltbildes, der Physik, zu entgehen, waren Wissenschaftler zwar immer sehr einfallsreich, aber nicht immer überzeugend.

Der Zusammenbruch dieses Weltbildes fand jedoch erst statt, als es zu internen Problemen innerhalb der Physik kam. Unter anderem um die Fernwirkung aus der Gravitationstheorie zu eliminieren, ersetzte Albert Einstein Newtons Gravitationstheorie durch seine geometrische Theorie. Einsteins Theorien führten dazu, dass die Masse nicht mehr die „quantitas materiae" ist, sondern ein Maß des Energiegehaltes, und dass es neben der Materie-Energie noch eine weitere Substanz, die Raumzeit, gibt, wobei das raumzeitliche Verhalten der Objekte aus klassischer Sicht in manchen Fällen völlig paradox sein kann (Zeitschleifen u.ä.). Um die diskontinuierlichen Atomspektren zu erklären, wurde kurze Zeit nach den Relativitätstheorien (RT) in den 20er Jahren die Quantenmechanik (QM) entwickelt, die den Bruch mit dem klassischen Weltbild endgültig herbeiführte. Diese Theorie lässt sich mit klassischen Vorstellungen überhaupt nicht mehr verstehen (siehe Anhang und Arendes 2023a). Zum Beispiel bestimmen die physikalischen Kräfte nicht mehr eindeutig das Verhalten der Objekte, vielmehr beschreibt die QM nur die Wahrscheinlichkeiten, bestimmte Phänomene zu beobachten. Und schließlich entwickelte sich wenig später im Zuge der relativistischen Quantenmechanik die Elementarteilchenphysik, welche das atomistisch-baukastenartige Element des klassischen Weltbildes endgültig aufgeben musste, auch wenn man weiterhin von „Teilchen" spricht. Die sogenannten „Elementarteilchen" sind nicht im klassischen Sinn unzerstörbare Urbausteine der Welt, sondern ein rätselhaftes Etwas, das sich von einer Art in eine andere Art umwandeln kann und das spontan aus dem Nichts entstehen und ins Nichts verschwinden kann (s. Falkenburg 1995; Greiner & Wolschin 1994a).

Der Stand der heutigen Wissenschaft ist somit der, dass die einzelnen wissenschaftlichen Disziplinen eine Fülle von Detailkenntnissen erreicht haben, dass es mehrere fundamentale und sehr interessante Theorien gibt, dass man aber über den Grundaufbau der Welt, über die Grundprinzipien und Bausteine der Natur so sehr im Unklaren ist, dass viele Wissenschaftler dazu übergegangen sind, diese Fragen für irrelevant, wenn nicht gar für unwissenschaftlich zu halten. Demgegenüber muss jedoch betont werden, dass ein Überblickwissen über die Grundstrukturen der Welt auch für die fachspezifische Forschung von Bedeutung ist. Die Funktion eines Weltbildes beschränkt sich nämlich nicht darauf, lediglich einen synoptischen Überblick über die Welt zu liefern. Vielmehr haben Weltbilder auch die heuristische Funktion, den Wissenschaftlern bei ihren Forschungen Leitideen zu geben, die dazu beitragen können, spezifische Detailprobleme zu lösen. Ein Weltbild gibt den Forschern allgemeine Hinweise, wonach sie zu suchen haben. Hierauf wird im zweiten Kapitel über die naturphilosophische Methodologie genauer eingegangen.

Nach dem Zusammenbruch des klassischen Weltbildes ist nun eine der wichtigsten Aufgaben von Wissenschaft und Philosophie, ein neues Weltbild zu entwerfen. Das heute zu entwickelnde wissenschaftliche Weltbild unterscheidet sich erkenntnistheoretisch in einer wichtigen Hinsicht vom atomistisch-mechanistischen des 17. Jahrhunderts. Als im 17. Jahrhundert unsere heutige Form der Naturwissenschaft – systematische Experimente mit Hilfe dafür entwickelter Technologie und mathematische Darstellung ihrer Ergebnisse – entstand, konnte sich das atomistisch-mechanistische Weltbild noch nicht auf umfangreiche naturwissenschaftliche Erkenntnisse stützen, sondern war diesen Untersuchungen erst vorangestellt und entstammte aus allgemeinen philosophischen Überlegungen, die aus der Antike überliefert waren. Heute hingegen liegt eine Vielzahl von empirischen Daten und Theorien vor, aus denen heraus sich ein neues wissenschaftliches Weltbild herauskristallisieren kann. Während also das alte Weltbild der naturwissenschaftlichen Forschung vorangestellt war (sich aber natürlich im Verlauf der Forschung mit deren Ergebnissen änderte), geht das neue Weltbild erst aus der naturwissenschaftlichen Forschung hervor. Natürlich können auch hierbei allgemeine philosophische Überlegungen eine Rolle spielen, die sich auf Gedanken etwa aus der griechischen Antike beziehen.

Im klassischen wissenschaftlichen Weltbild nahm die Physik eine dominierende Rolle ein. Denn wenn sich alle Objekte ausschließlich aus den kleinsten Teilchen zusammensetzen und das Verhalten dieser Teile in allen Situationen nach den gleichen Gesetzen verläuft, so sollten sich zumindest im Prinzip alle Wissenschaften und somit das ganze Weltbild auf die Physik reduzieren lassen, da die Physik die Wissenschaft dieser Teile ist. Im Rahmen dieses Weltbildes war diese reduktionistische Sichtweise zwingend. Da man aber dieses Weltbild nicht mehr vertreten kann, ist diese dominierende Stellung der Physik nicht mehr überzeugend. Aus diesem Grund sollen hier bei der Ausarbeitung eines neuen Weltbildes und den darauf aufbauenden Leitideen zusätzlich die Ergebnisse der anderen Wissenschaften, vor allem die von Biologie, Psychologie und Soziologie, herangezogen werden. Es mag jedoch sein, dass es allgemeine Naturgesetze gibt, die auf allen Systemebenen, in allen Fachbereichen, gelten – sowohl bei unbelebter Materie als auch bei biologischen und sozialen Systemen, bei Elementarteilchen,

Molekülen, Geweben, Organen, Organismen und Gesellschaften. Eine Wissenschaft, die allgemeine Gesetze aller Systemebenen untersucht, könnte man nun als Physik in einem allgemeinen Sinne bezeichnen; in einem engeren Sinne versteht man heute aber unter Physik die Untersuchung lebloser Materie und einfacher Objekte innerhalb von Organismen (Moleküle, Ionen etc.), und in diesem Sinn will ich den Begriff Physik im Folgenden gebrauchen. Für die Untersuchung von Gesetzmäßigkeiten auf allen Ebenen (von lebloser Materie bis zu Gesellschaftssystemen und Kulturkreisen) wird demgegenüber oft der Begriff „Allgemeine Systemtheorie" verwendet (s. Rapoport 1988).

Die einzelnen Wissenschaften, vor allem aber die Physik, haben im 20. Jahrhundert eine Entwicklung zu immer abstrakteren, unanschaulicheren Begriffen genommen. Begriffe, Vorgänge und Phänomene wie Geodäten, Welle-Teilchen Dualität und Spin sind sehr abstrakt und unanschaulich. Aus diesem Grund wird in der Quantenphysik immer wieder behauptet, dass sich die Natur nicht anschaulich beschreiben lasse und dass sie wissenschaftlich exakt nur auf mathematische Weise beschrieben werden könne. Ein naturphilosophisches Weltbild ist hingegen in der Regel ein anschauliches Modell, ein Bild von den Grundstrukturen der Welt. Sollten die Prozesse der Quantenphysik und anderer Wissenschaften tatsächlich unanschaulicher Art sein, so würde sich ein Weltbild in dem Maße von den wissenschaftlichen Ergebnissen entfernen, wie es selbst vorstellbar wäre. Deshalb soll im Folgenden nicht von „Weltbild" gesprochen werden, sondern von „Weltauffassung". Begriffe wie „Weltbild" und „Weltanschauung" legen zu sehr die visuelle Vorstellbarkeit nahe, was beim heutigen Stand der Wissenschaft für die Grundstrukturen der Welt kaum noch möglich sein dürfte. Um aber den Aufbau der Welt wissenschaftlichen Laien zu erläutern, kann ein Bild durchaus nützlich sein. Ein Bild sagt mehr als tausend Worte, sagt ein Sprichwort. Als didaktisches Mittel und als pädagogische Hilfe in Schulen kann ein Weltbild zur Erläuterung einer abstrakten Weltauffassung (WA) benutzt werden, und auch in der wissenschaftlichen Forschung kann ein Bild durchaus eine nützliche Heuristik sein. Im Folgenden werde ich deshalb manchmal zur Erläuterung einiger Aspekte der hier dargelegten Weltauffassung ein Weltbild benutzen, das ich an anderer Stelle ausgearbeitet habe (Arendes 2023a, 2024). Bei diesem

Weltbild wird die Welt mit einem Computer verglichen, dessen Hardware das Quantenvakuum, dessen Software die Naturgesetze und dessen Bildschirm die von uns beobachtbare Welt darstellen. Mit diesem Bild lassen sich alle problematischen Phänomene der Quantenphysik verstehen, ohne dass aber zwingend behauptet werden kann, die Welt sei wirklich ein Computer. Eher könnte man allgemeiner von einem „informationsverarbeitenden System" sprechen. Inwieweit sich die Welt von einem Computer unterscheidet, soll hier nicht näher erörtert werden; es könnten zum Beispiel andere Arten der Informationsverarbeitung geben, als es bei Computern üblich ist. Das Quantenvakuum setzt sich natürlich nicht aus Chips, Transistoren o.ä. zusammen, so dass angezweifelt werden kann, dass die Informationsverarbeitung im Vakuum so wie in heutigen Computern verläuft.

Im nächsten Kapitel wird zunächst die methodologische Grundlage der wissenschaftlichen Naturphilosophie besprochen, um danach im 3. Kapitel die grundlegenden Aspekte der Welt, wie sie sich im Licht der heutigen Wissenschaften darstellen, zu beschreiben. Bei der Vielzahl der wissenschaftlichen Fakten und Theorien muss ich natürlich diejenigen auswählen, die ich für unsere naturphilosophische Fragestellung für relevant halte. Eine derartige Selektion wird selbstverständlich durch meine subjektiven Grundeinstellungen beeinflusst, so dass andere Naturphilosophen zu anderen Weltauffassungen gelangen könnten. Die Möglichkeit von anderen Weltauffassungen soll hier nicht geleugnet werden und andere Auffassungen sollten auch von anderen Naturphilosophen ausgearbeitet werden. Welche Weltauffassung sich in Zukunft in der Wissenschaft durchsetzen wird, hängt davon ab, inwieweit sie in der Lage sind, den Wissenschaftlern für ihre Forschungsprobleme nützliche Leitideen zu geben, und vielleicht auch, inwieweit sie bei der praktischen Lebensorientierung dienlich sind. Erwähnt werden muss außerdem, dass ein System von einzelnen Elementen immer mehr ist als nur die Summe der einzelnen Komponenten, da sich z. B. in einem System zwischen dessen Komponenten Beziehungen herausbilden. Eine umfassende Weltauffassung ist deshalb nicht bloß die Summe der einzelwissenschaftlichen Daten und Theorien und auch aus diesem Grund sind mehrere Integrationen der wissenschaftlichen Erkenntnisse zu verschiedenen Weltauffassungen möglich. Die Anteile einer

Weltauffassung, die über das allgemein akzeptierte Grundwissen der Wissenschaften hinausgehen, sollten aber bei der Beschreibung einer wissenschaftlichen Weltauffassung explizit als solche hervorgehoben werden. Da es gerade diese zusätzlichen Bestandteile der unterschiedlichen Weltauffassungen sind, die der künftigen Forschung verschiedene Leitideen liefern, ist durch sie zwischen verschiedenen Weltauffassungen ein Wettbewerb möglich durch die unterschiedlich starke Stimulierung der wissenschaftlichen Forschung.

Ein weiterer Unsicherheitsfaktor bei der Zusammenstellung einer Weltauffassung sind die noch bestehenden Lücken der wissenschaftlichen Erkenntnis. Zum Beispiel nimmt die Kosmologie an, dass die Welt kurz nach dem Anfangszustand (Urknall o.ä.) eine fast homogene oder chaotische Elementarteilchenansammlung war, wohingegen heutzutage die Materie hochkomplex strukturiert ist (etwa in Form von komplexen architektonischen Bauten, Organismen, Gesellschaften). Wie es von dieser ursprünglichen Materieansammlung zu dieser hohen Strukturierung gekommen ist, ist noch weitestgehend unklar. Die Theorie der biologischen Evolution nimmt auf biologischem Gebiet Faktoren wie Variation und Selektion an; derartige Faktoren spielen sicher eine Rolle, bieten aber noch keine befriedigende vollständige Erklärungsleistung für den gesamten Struktur- und Systembildungsprozess des Universums. Bei der Zusammenstellung einer Weltauffassung kann man bei derartigen Forschungsgebieten noch nicht vollständig auf allgemein akzeptierte Erkenntnisse zurückgreifen, sondern muss sich mit den zurzeit vorherrschenden Forschungsparadigmen begnügen. Umgekehrt soll die Weltauffassung gerade für diese Forschungsgebiete heuristische Leitideen ermöglichen, was im 2. Teil des Buches dargestellt wird.

2. Methodik der wissenschaftlichen Naturphilosophie

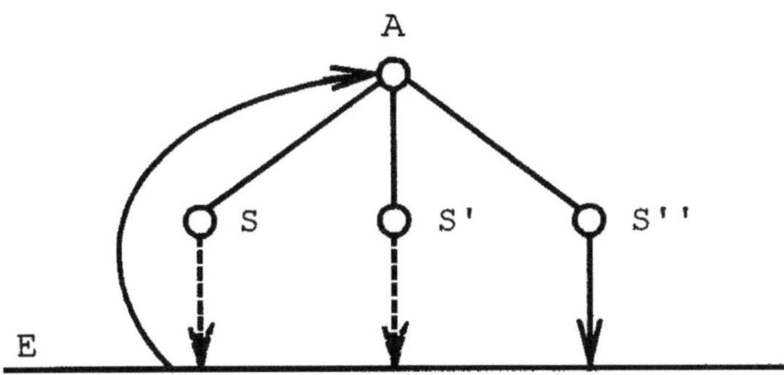

Abb. 1: *Einsteins Skizze zur wissenschaftlichen Methode. A bezeichnet das System von Axiomen, S, S', S'' die daraus gefolgerten Sätze und E die Mannigfaltigkeit der unmittelbaren (Sinnes-) Erlebnisse (nach Einstein 1960: 120-121).*

In der Naturwissenschaft dominierte über Jahrhunderte hinweg der Glaube, man gelange durch Induktion von den experimentellen Daten zu allen Theorien, was gleichzeitig als Wahrheitsbegründung der Theorien galt. Nach dem klassischen Induktivismus sollten nur jene Sätze in die Wissenschaft aufgenommen werden, die entweder harte Tatsachen beschreiben oder unfehlbare Verallgemeinerungen von Sätzen sind, die harte Tatsachen beschreiben. Von der Seite der Philosophen war es u.a. Karl Popper (aufbauend auf David Hume), der diesem Selbstverständnis der Wissenschaft, durch induktive Beweise begründete wahre Erkenntnisse zu liefern, ein Ende bereitete, nachdem bereits zuvor Albert Einstein, Werner Heisenberg und andere Naturwissenschaftler in der naturwissenschaftlichen Forschungspraxis gezeigt hatten, dass selbst sehr gut bestätigte Theorien (z. B. die Newtonschen) durch neue und bessere (z. B. durch eine neue Gravitationstheorie) ersetzt werden können. Weder kann man durch eine irgendwie geartete logische Methode die Grundbegriffe der wissenschaftlichen Theorien erhalten noch gibt es ein Induktionsprinzip, mit dem sich induktive, d.h. logisch gültige Schlüsse von den einzelnen Daten zur Theorie durchführen lassen (Popper 1935).

Wie die wissenschaftliche Theorienkonstruktion tatsächlich verläuft, lässt sich überblickartig gut anhand eines Briefes von Albert Einstein beschreiben. In einem Brief vom 7. Mai 1952 hatte er einem Freund seine erkenntnistheoretischen Ansichten beschrieben (Einstein 1960). In diesem Brief gibt Einstein eine Skizze der wissenschaftlichen Methode, und in dieser Skizze werden drei Ebenen unterschieden (Abb. 1): Unmittelbar gegeben sind uns die Sinneserlebnisse (E), welche die Basis der Forschung bilden, und die höchste Ebene wird gebildet von den theoretischen Axiomen (A). Der Wissenschaftler bzw. die Wissenschaftlerin startet bei E, bei den Sinneseindrücken, und sucht ein System von grundlegenden theoretischen Sätzen, den Axiomen. Aus diesen Axiomen leitet dann er bzw. sie auf logischem Weg Einzelaussagen (S) ab, welche nach Einstein Anspruch auf Richtigkeit erheben können. Zuletzt werden diese Aussagen wieder mit den Sinneserlebnissen E in Beziehung gebracht, d.h. sie unterliegen einer Prüfung an der Erfahrung. In diesem Kreislauf von den Sinneserlebnissen über Axiome und Einzelaussagen zurück zu neuen Sinneserlebnissen ist nach Einstein nur der Schritt von den Axiomen zu den Einzelaussagen ein logischer Übergang. Die Einzelaussagen werden auf deduktivem Weg aus den Axiomen abgeleitet. Der Schritt von E nach A ist nicht auf logischem Weg zu erreichen, zwischen E und A gibt es nur einen intuitiven (psychologischen) Zusammenhang. Ebenso gehört nach Einstein die Prüfung der Einzelaussagen S an der Erfahrung E der extra-logischen Sphäre an, denn die in S auftretenden theoretischen Begriffe stehen mit den Sinneserlebnissen nicht in einem logischen Zusammenhang. Insgesamt ist somit die wissenschaftliche Forschung an zwei Stellen nicht logischer Natur: Einerseits müssen mit Begriffen Axiome gebildet werden, andererseits müssen theoretische Begriffe zu den Sinnesdaten in Beziehung gebracht werden. Der zweite außerlogische Vorgang, die Beziehungsetzung der theoretischen Begriffe zu den Erlebnissen E, ist allerdings bereits im ersten Schritt, von E nach A, enthalten. Deshalb kann man Einsteins Erkenntnistheorie so rekonstruieren, dass bereits von E nach A zwei außerlogische (intuitive) Schritte nötig sind: Der Übergang von den Sinneseindrücken zu den Begriffen und zu den damit formulierten Axiomen (Kanitscheider 1988).

Zu Einsteins Darstellung der wissenschaftlichen Methode ist jedoch anzumerken, dass die Wissenschaftler in der Regel nicht zuerst die Axiome finden, sondern dass der spekulative Schritt in der Regel von den empirischen Daten zu den grundlegenden Zusammenhängen wie etwa zur Heisenberggleichung oder dem zu lösenden Variationsprinzip, welches dann zu den Bewegungsgleichungen führt, erfolgt. [1] Aus den grundlegenden Beziehungen folgen dann Theoreme, die experimentell getestet werden. Ist man dann auf diese Weise zu einer befriedigenden Theorie gelangt, werden die Axiome im Nachhinein formuliert, wobei oftmals für die gleiche Theorie verschiedene Axiomatisierungen möglich sind, so wie es auch für die Quantenmechanik verschiedene Axiomatisierungen gibt. Was in einem Fall ein Axiom ist, kann im anderen Fall Theorem sein und umgekehrt. Für die Naturwissenschaftler sind nicht die Axiomatisierungen der Kern der Theorie, sondern die gefundenen Grundstrukturen. Axiomatisierungen sind aber wichtig, um feststellen zu können, ob die Theorie logische Widersprüche enthält.

Es ist sehr aufschlussreich, Einsteins Vorstellungen einigen Ansichten von René Descartes gegenüber zu stellen (Descartes 1977, 1979). Für den Vergleich mit Einstein ist Descartes` Schrift über „*Regeln zur Ausrichtung der Erkenntniskraft*" sehr interessant; dieses Buch hat er aber selbst nie publiziert. Um zur Erkenntnis der Dinge zu gelangen, bevorzugte er in dieser Schrift zwei Wege, die Intuition und die Deduktion. Für Descartes gab es zu viele Sinnestäuschungen, als dass die Erkenntnis mit den Sinneswahrnehmungen beginnen und sich darauf gründen könnte. Nach seiner Meinung erhält man durch Intuition die Grundprinzipien (Axiome), aus denen sich dann durch logische Ableitungen (Deduktionen) andere Aussagen ergeben. Diese Vorgehensweise hat

---

[1] In der theoretischen Physik spielen hierbei oftmals mathematische Analogien eine entscheidende Rolle; siehe Steiner 1989.

Ähnlichkeit mit Einsteins Auffassungen, es gibt aber wichtige Unterschiede zwischen den beiden. Nach Einstein erhält man die Axiome zwar ebenfalls durch Intuition, sie sind aber nicht unumstößlich wahr; sie müssen sich an der Erfahrung bewähren, indem man die aus ihnen abgeleiteten Sätze mit den experimentellen Beobachtungen vergleicht. Für Descartes hingegen waren die durch Intuition erhaltenen Grundsätze unumstößlich wahr. Descartes ist außerdem dafür bekannt, dass er seine Untersuchungen am liebsten unabhängig von allem Faktenwissen und nur mit seinen Gedanken begann (cogito ergo sum – ich denke, also bin ich). In seinem posthum veröffentlichten Buch „*Regeln zur Ausrichtung der Erkenntniskraft*" räumte er jedoch auch der Induktion einen Platz ein. Die Induktion führe aber nach Descartes nicht zu einer tiefgreifenden Naturerkenntnis, sie gelte nur als eine Art unvollständiger Lückenbüßer, wenn ein Forschungsgebiet derart komplex sei, dass ein intuitives Ergreifen der Grundsätze noch nicht möglich sei.

Die Unterscheidung zwischen der wissenschaftlichen Erkenntnis durch Deduktionen von Axiomen einerseits und Verallgemeinerungen von Beobachtungsdaten bei noch wenig verstandenen Systemen andererseits charakterisiert die heutige Forschungssituation recht gut. Biologische Systeme zum Beispiel sind derartig komplex, dass sich die theoretische Biophysik erst im Anfangsstadium befindet (von Bertalanffy 1968; Davydov 1982; Fröhlich 1988; Chauvet 1995). Gegenwärtig konzentriert sich deshalb ein Großteil der biologischen Forschung darauf, Daten aus Experimenten etwa mit hochauflösenden Mikroskopen und aus Feldstudien zusammenzutragen, und die durch die Beobachtungsdaten mit ihren Beobachtungsbegriffen zusammengetragenen Erkenntnisse werden in verallgemeinerter Form zusammengefasst. Zu beachten bleibt aber, dass es sich bei diesen Verallgemeinerungen nicht um grundlegende Theorien handelt. Die genetische Forschung demonstriert außerdem, dass auch in der stark experimentell orientierten Forschung Hypothesen aufgestellt und oftmals Begriffe eingeführt werden, die zunächst (wie die Gene) einen sehr theoretischen Status haben, die später jedoch als beobachtbar gelten. Trotzdem kann man sich durchaus auf den Standpunkt stellen, dass in den Wissenschaften Verallgemeinerungen von Beobachtungen und in diesem Sinn Induktion vorkommt. Theoretische Physiker und Erkenntnistheoretiker halten dem jedoch entgegen, dass der Induktivismus nur eine in der Frühzeit der Wissenschaft verfolgbare Strategie sein kann; es können niedrigrangige Generalisationen von der Erfahrung abgelesen werden, hochrangige Gesetze bedürfen aber der theoretischen Begriffe (Kanitscheider 1988).

Die Geschichte von Physik und Biologie zeigt, dass eine Wissenschaft im Lauf ihrer Entwicklung verschiedene methodologische Stadien durchläuft. Man kann hauptsächlich drei Stadien unterscheiden, die allerdings fließend ineinander übergehen. Auch enthält jedes Stadium die Vorgehensweise der vorherigen. Im Frühstadium konzentrieren sich Wissenschaftler darauf, über ihren Forschungsgegenstand möglichst viele empirische Daten zu sammeln und diese in Form von allgemeinen Aussagen zusammenzufassen. Es tauchen dann irgendwann Fragestellungen auf, die sich hierdurch nicht beantworten lassen; man kommt in das Stadium, wie es Einstein in seinem Brief darlegte: Ausgehend von den Beobachtungsdaten versucht man, Axiome zu formulieren, aus denen Sätze deduktiv abgeleitet werden können, welche sich schließlich an der Erfahrung bewähren müssen.[1] Hat man einmal auf diese Weise eine gute Theorie gefunden, so kann in der Folgezeit zweierlei passieren. Es kann einerseits vorkommen, dass neue experimentelle Daten durch die Theorie nicht erklärt werden können. Dann versuchen die Wissenschaftler wieder nach Einsteins Schema, von diesen Daten spekulativ zu einer neuen Theorie zu gelangen. Auf diese Weise ist die Quantenmechanik (QM) entstanden: Eine neue Theorie war nötig geworden, um die diskontinuierlichen Atomspektren zu erklären. Es kann jedoch auch Folgendes passieren: Zwar erklärt die vorhandene Theorie alle für relevant gehaltenen Daten, aber die Wissenschaftler sind unzufrieden mit den grundlegenden Prinzipien, den Grundbegriffen oder Axiomen der Theorie, und sie bemühen sich deshalb um eine neue Theorie. Ein Beispiel ist die Gravitationstheorie. Einstein wollte das allgemeine Relativitätsprinzip verwirklichen und musste aus theoretischen Gründen die allgemeine Relativität mit der Gravitation verbinden. Außerdem war er unzufrieden damit, dass Newtons Gravitationskraft eine Fernwirkungskraft war, und mit der Allgemeinen Relativitätstheorie

---

[1] Der Einfachheit halber spreche ich manchmal nur in Einsteins Sprache vom spekulativen Sprung zu den Axiomen, auch wenn hierbei vor allem die Grundstrukturen der Theorie gemeint sind.

(ART) eliminierte er diese „spukhafte Fernwirkung" aus der Gravitationsphysik. Unglücklicherweise tauchte die Fernwirkung kurze Zeit später in der QM wieder auf. Und abermals: Obwohl die QM die experimentellen Daten sehr exakt erklären kann, wurde Einstein nicht müde, darauf zu drängen, eine neue Theorie zu suchen. Ein weiteres Beispiel für das dritte Forschungsstadium ist das Bestreben der heutigen Physik, eine Theorie zu finden, die alle Grundkräfte zusammenfasst. Als Motivation hierfür gibt es keine unverstandenen Daten, sondern das Ziel der Einheit der Physik. Es kann also festgehalten werden, dass Wissenschaftler versuchen, eine neue Theorie zu finden, wenn ihnen die Grundprinzipien oder Eigenarten einer vorhandenen Theorie missfallen. Wissenschaftler suchen neue Theorien, auch wenn es die empirischen Daten nicht erzwingen.

Zusammenfassend kann man folgende drei Forschungsstadien unterscheiden: 1. das Sammeln von experimentellen Daten und das Aufstellen allgemeiner Aussagen; 2. das Bemühen, von den Beobachtungsdaten durch Spekulation zu den theoretischen Begriffen und Axiomen bzw. Grundstrukturen zu gelangen, um dann deduzierte Sätze mit Beobachtungen zu konfrontieren; 3. die Ersetzung von Theorien durch neue Theorien mit akzeptableren Prinzipien oder Eigenschaften. Wie eine derartig bessere Theorie auszusehen hat, ist durch keine eindeutige methodologische Regel vorgeschrieben und wird von Wissenschaftler zu Wissenschaftler verschieden eingeschätzt. Wissenschaftler lassen sich hierbei von Leitideen führen, was weiter unten erläutert wird. Von der Wissenschaftlergemeinschaft wird eine neue Theorie in der Regel nur dann übernommen, wenn sie zusätzlich zu den Vorhersagen der alten Theorie neue empirische Befunde korrekt vorhersagt.

Zu dem dreigliedrigen Schema der Wissenschaftsentwicklung muss noch angemerkt werden, dass es nur eine grobe Beschreibung der Entwicklung ist. Bereits im ersten Stadium können theoretische und philosophische Einstellungen eine Rolle spielen, die Übergänge zwischen den Stadien sind fließend, und ganz allgemein kann man die Entwicklung auch so ausdrücken, dass zunächst sehr stark empirisch gearbeitet wird, dass später jedoch theoretische Überlegungen immer mehr in den Vordergrund rücken. Liegt für einen Forschungsbereich eine fertige

Theorie vor, so lässt sich noch ein viertes, nämlich ein anwendungsorientiertes Forschungsstadium unterscheiden, in dem man versucht, die Theorie auf praktische Probleme anzuwenden.

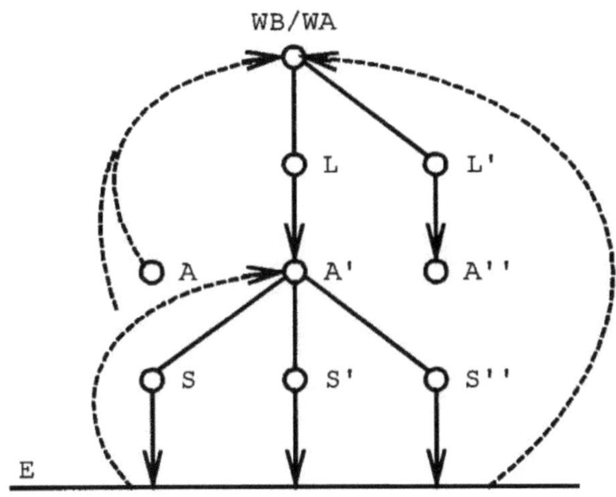

Abb. 2: Naturphilosophische Erweiterung von Einsteins Skizze zur wissenschaftlichen Methode (siehe Abb. 1). WB bezeichnet das Weltbild, WA die Weltauffassung, L, L' Leitideen, A, A', A'' Axiomensysteme bzw. Grundstrukturen der Theorien, S, S', S'' deduzierte Sätze und E die Mannigfaltigkeit der unmittelbaren Erlebnisse. Die gestrichelten Linien geben spekulative Forschungsschritte an.

Methodologisch besonders interessant sind natürlich die Fragen, wie im zweiten Stadium (in dem von Einstein beschriebenem) der spekulative Schritt von den Daten zu den Axiomen verläuft und nach was für Prinzipien die Wissenschaftler im dritten Stadium vorgehen. In einem anderen Buch bin ich hierauf sehr detailliert eingegangen (Arendes 2024), weshalb ich im Folgenden nur das Wichtigste zusammenfassen werde. Wie die kognitive Psychologie zeigen konnte, spielen bei sehr komplexen Problemen während der Lösungssuche Heurismen eine wichtige Rolle (Dörner 1979). Heurismen sind Leitideen, durch welche Probleme unter Umständen gelöst werden können, sie sind Vermutungen

21

darüber, welche Bestandteile die Lösung des Problems haben könnte. Gerald Holton (1973) hat derartige Leitideen u.a. aus den Arbeiten von Einstein herausgearbeitet, und diese Leitideen lassen verstehen, warum Einstein bestimmte Theorien bevorzugte und andere ablehnte, obwohl sie empirisch gestützt waren; sie beruhten nämlich auf anderen Leitideen. Schlagwortartig zusammengefasst waren derartige Leitideen bei Einstein (vgl. Kanitscheider 1988): Bevorzugung partieller Differenzialgleichungen, Vereinheitlichung und große Reichweite der Theorien, Sparsamkeit im ontologischen Aufwand, Notwendigkeit, Symmetrie, Einfachheit, Kausalität, Vollständigkeit und Kontinuum. Eine wichtige Funktion der Naturphilosophie in der Wissenschaft kann deshalb sein, den Wissenschaftlern für ihre Forschungsbemühungen Heurismen bzw. Leitideen bereitzustellen, was nun genauer erläutert werden soll.

Die wissenschaftliche Forschung ist heutzutage einerseits sehr fachspezifisch, andererseits sehr zeitintensiv, so dass der einzelne Wissenschaftler neben seinen spezifischen Forschungsinteressen und seinen sonstigen Verpflichtungen wie Lehrveranstaltungen kaum noch Zeit und Muße findet, mehrere Forschungsrichtungen oder gar mehrere Wissenschaften zu durchdringen. Der Publikationsdruck ist derartig groß, dass für die genaue erkenntnistheoretische Analyse selbst der eigenen Wissenschaft kaum noch Zeit bleibt. Der Wissenschaftsphilosoph (bzw. die Wissenschaftsphilosophin) hingegen überblickt durch gründliches Literaturstudium in der Regel mehrere Wissenschaftsdisziplinen und hat die nötige erkenntnistheoretische Schulung, um die Grundaussagen mehrerer Theorien herausarbeiten und miteinander vergleichen zu können. Die systematische Herausarbeitung und der Vergleich grundlegender theoretischer Begriffe und Aussagen verschiedener Theorien aus unterschiedlichen Wissenschaften wird deshalb heutzutage vornehmlich von Philosophen geleistet. In einem zweiten Schritt kann nun der Naturphilosoph versuchen, die vielen Detailergebnisse zu einer konsistenten Zusammenschau zu integrieren, d.h. ein Weltbild oder eine Weltauffassung zu beschreiben. Die Synthese einer Weltauffassung, die natürlich (wie alle Integrationen von einzelnen Bausteinen zu einem Ganzen) über die Detailergebnisse der Wissenschaften hinaus geht, hat aber nicht nur den Wert einer teleskopartigen Zusammenfassung bereits vorliegender wissenschaftlicher Erkenntnisse, sondern kann den Wissenschaftlern auch zur Orientierung und Ausrichtung ihrer Forschungen dienen. So hat zum Beispiel das demokritsche Weltbild zur Suche nach kleinsten Bausteinen, den Atomen, geführt, was heute bis zur Quarktheorie führte. Neben der Analyse der Grundaussagen der Theorien und der Synthese eines Weltbildes oder einer Weltauffassung hat somit der Philosoph die zusätzliche Aufgabe, durch Bereitstellung naturphilosophischer Leitideen, erhalten aus einem Weltbild bzw. einer Weltauffassung, Theorienkonstruktionen zu fördern. Eine Orientierung der Wissenschaftler an philosophischen Ideen birgt natürlich die Gefahr in sich, in die Irre geleitet zu werden; nämlich wenn diese Ideen falsch sind. Einstein lehnte bis zum Schluss die QM aus philosophischen Gründen ab; hätte er sie akzeptiert, so hätte sein Genius die quantenphysikalische Forschung sicherlich noch stärker vorangetrieben (wie er es bereits in ihrer Anfangsphase getan hatte). Da jedoch verschiedene Forscher verschiedene philosophische Standpunkte (oft unbewusst) vertreten, kann die Wissenschaft durch die Fixierung mancher Wissenschaftler auf bestimmte Ideen nicht in eine Sackgasse geraten.

Vergleicht man die wissenschaftliche Methodologie mit dem Vorgehen der Naturphilosophie, wie sie hier vorgeschlagen wird, so lässt sich eine analoge und miteinander verbundene Struktur der Methodologien von Wissenschaft und Naturphilosophie feststellen (Abb. 2). In seinem Brief spricht Einstein vom spekulativen Schritt von den empirischen Daten zur Theorie, aus welchen Sätze abgeleitet werden, die sich an der Erfahrung bewähren müssen. Den empirischen Daten der Wissenschaft entsprechen in der Naturphilosophie die Grundaussagen der wissenschaftlichen Theorien, von diesen vorgegebenen Theorien kann der Naturphilosoph auf spekulative Weise zu einem integrierenden Weltbild bzw. einer Weltauffassung übergehen, und diese Weltauffassung muss sich schließlich dadurch bewähren, dass sie naturphilosophische Leitideen ermöglicht, welche bei den neuen Theorienkonstruktionen hilfreich sind. Einsteins Skizze in seinem Brief kann also dahingehend ergänzt werden, dass u.a. von den Axiomen und Theoremen ein Pfeil zur höher gelegenen Weltauffassung führt, von der wiederum Pfeile zu den Leitideen und Theorien herabführen (s. Abb. 2).

3. Die wissenschaftliche Weltauffassung

Beschäftigt man sich mit den Grundlagenfächern Physik, Biologie, Psychologie und Soziologie, so fällt einem zunächst auf, dass es heute keine allgemein akzeptierte Weltauffassung gibt. Im Laufe der Jahre bildet sich aber während der Forschungsanstrengung jedes Wissenschaftlers eine Grundeinstellung heraus, die ihn oder sie bei den Forschungen leitet, und die allgemeine Weltauffassung, die sich bei mir mit der Zeit herausbildete, will ich nun in ein paar Sätzen zusammenfassen, um in den anschließenden Abschnitten die dabei benutzten zentralen Begriffe ausführlicher zu erläutern.

Nach der hier vorgestellten Weltauffassung besteht die Welt aus einer allgegenwärtigen, unbeobachtbaren Grundsubstanz; einem *Äther*, einem Urmateriefeld oder einer prima materia. In dieser Grundsubstanz sind die *Naturgesetze* als *Information* implementiert, welche die Entstehung von beobachtbaren Phänomenen und deren Bewegungsformen steuern. In Vorgängen der *Emergenz* entstand aus dem Äther das gesamte *Universum*: die beobachtbare Materie, die *Raumzeit*, Bewusstsein und andere Phänomene. Aus dem Äther, oder wie man zur Zeit in der Physik sagt aus dem Vakuum, ist vor mehreren Milliarden Jahren in einem Urknall die beobachtbare Materie entstanden, das Universum dehnt sich seitdem beständig aus und die zunächst fast vollständig homogene oder chaotische Verteilung der sogenannten *Elementarteilchen* mit ihren *Wechselwirkungen* hat sich im Lauf der Zeit in einem Prozess der *Selbstorganisation* zusammengelagert zu immer komplexeren *Systemen*, die einer ständigen *Evolution* unterliegen: zu Atomen, Molekülen, Organismen, Gesellschaften und Gesellschaftssystemen. Obwohl alle diese Objekte aus mehreren Teilobjekten bestehen, sind sie in der Lage, als zusammengehörende *Einheiten* zu wirken. Am markantesten ist das bei unserem eigenen Körper. Wir bestehen aus vielen Molekülen, fühlen uns aber dennoch als eine Einheit mit persönlicher Identität, denn die Bewegungen der einzelnen Moleküle sind auf das Gesamtverhalten des Organismus abgestimmt. Die Abgrenzung von zusammengehörenden Einheiten gegenüber der Umwelt ist allerdings oft nicht vollständig; so können einzelne Einheiten selbst wieder Teile von übergeordneten Gesamtsystemen sein. Die Organe eines Körpers (Magen, Herz, Hirn etc.) bilden zwar voneinander getrennte Gesamtkomplexe, sind aber dennoch Teile des gesamten Lebewesens. Tatsächlich besitzen viele der im Lauf der Selbstorganisation entstandenen realen Objekte eine sehr komplexe Schachtelungsstruktur. *Schachtelung* bedeutet, dass mehrere Komponenten zu einem System zusammengelagert sind, mehrere derartige Systeme bilden zusammen wiederum ein noch größeres System, viele solcher Systeme wiederum ein übergeordnetes Gesamtsystem usw. So bilden zum Beispiel im Gehirn mehrere Proteine einen Ionenkanal, viele Ionenkanäle bilden mit anderen Objekten eine Zellmembran, diese ist wiederum Teil einer Hirnzelle, viele Hirnzellen bilden einen Hirnkern, viele Kerne sind Teile des Gehirns, welches Teil eines Menschen ist, welcher zu einer Gesellschaft gehört. Dieser Schachtelung der realen Objekte entspricht auf der Ebene der Naturgesetze, die diese Objekte steuern, eine hierarchische Struktur, die als *Schichtung* bezeichnet wird. Die untersten Schichten werden gebildet von den Bewegungsgesetzen der einfachsten Objekte wie der leblosen Materie, darüber liegt die Schicht der biologischen Gesetze, darüber die der Psychologie, der Soziologie und der Wissenschaft von den internationalen Beziehungen. Leblose Materie wird von den Gesetzen der Physik und Chemie gesteuert; sind aber beispielsweise Ionen Teile eines Körpers, so werden ihre physikalischen Gesetze den Gesetzen der Biologie angepasst; Menschen sind Teile einer Gesellschaft und ihr psychologisches Verhalten wird von sozialen Gesetzen mitbestimmt. Die Konzeption einer Schichtung der Naturgesetze besagt somit, dass die schichthöheren Naturgesetze die genaue Ausgestaltung der niederen bestimmen. Dies bezeichnet man auch als Abwärtskausalität; die höhere Systemebene beeinflusst das Verhalten der niederen. Bei Mikroobjekten (Elementarteilchen) und Aggregaten mit geringer Teilchenanzahl scheinen *Zufallsprozesse* eine wichtige Rolle zu spielen, wohingegen das Verhalten von Makroobjekten, die sich aus sehr vielen Bestandteilen zusammensetzen, dem Kausalitätsprinzip unterliegt, wobei sich allerdings das Zufallsverhalten von Mikroobjekten in bestimmten

Situationen auch auf das Verhalten der Makroprozesse übertragen kann. Das *Kausalitätsprinzip* besagt, dass Bewegungsänderungen eines Objektes durch äußere Ursachen hervorgerufen werden, aber bei komplexeren Systemen wie den Prozessen innerhalb eines Organismus oder des gesamten Lebewesens sind die Bewegungsabläufe zumeist auch *teleonom*, d.h. zielgerichtet.

Soweit meine Skizze der Weltauffassung, wie sie durch die heutigen Wissenschaften nahegelegt wird. Diese Beschreibung der wissenschaftlichen Weltauffassung (WWA) enthält mehrere Begriffe, die von grundlegender Bedeutung sind, weshalb ich sie durch Kursivschrift hervorgehoben habe. Mehrere dieser Begriffe sind von wissenschaftsspezifischer Bedeutung, wobei einige von ihnen sogar nur in bestimmten Einzelwissenschaften benutzt werden, so dass Wissenschaftler anderer Disziplinen ihre Bedeutung nur begrenzt kennen. Aus diesem Grund sollen nun diese kursivgeschriebenen Begriffe in den folgenden Abschnitten erläutert werden. Zu jedem dieser Begriffe sind ganze Bücher geschrieben worden; um meine Darstellung der WWA zu verstehen, reicht es aber aus, zu jedem Begriff eine knappe Zusammenfassung zu kennen.

3.1 Äther, Vakuum, Prima Materia

Das Vakuum ist in der Physik der Zustand, den man erhält, wenn man alle Teilchen oder Felder entfernt, die man nach den Gesetzen der Physik entfernen kann. In der heutigen Physik ist dieser Zustand jedoch nicht das Nichts, in dem wirklich nichts mehr existiert; es ist vielmehr lediglich der Zustand niedrigster erreichbarer Energie. Die physikalische Theorie, aus der dieses Konzept hervorgegangen ist und das aus der heutigen Elementarteilchenphysik nicht mehr wegzudenken ist, ist die relativistische Quantenmechanik, eine Quantenfeldtheorie (QFT). Quantenfelder sind Felder von Teilchenerzeugungs- und Teilchenvernichtungsoperatoren, deren wesentliche Aufgabe darin besteht, die Teilchenzahl zu verändern. Der Zustandsvektor $|n\rangle$ (mit n = 0,1,2,3...)

gibt die Teilchenzahl an und der Vakuumzustand |0⟩ ist definiert als der niedrigst mögliche Energiezustand, in dem keine reellen Teilchen (nur kurzzeitige, virtuelle) existieren.

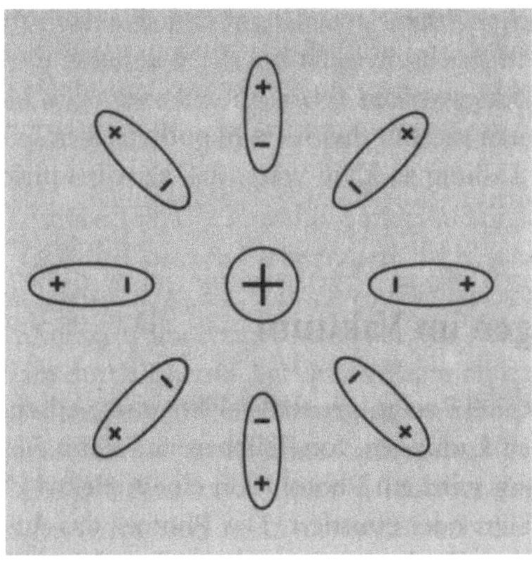

Abb. 3: *Eine in das Vakuum eingebrachte elektrische Ladung zieht die im Vakuum fluktuierenden Ladungen mit dem entgegengesetzten Vorzeichen an und stößt die mit den gleichen Ladungen ab. Dadurch polarisiert sie das Vakuum. Die Ladungswolke schwächt das Feld der ins Vakuum eingebrachten Ladung (aus Genz 1994: 295).*

Der Vakuumbegriff hat eine lange und widerspruchsvolle Geschichte. Bereits im alten Griechenland gab es darüber zwei konträre Ansichten. Nach der ersten Ansicht ist das Vakuum die Leere zwischen zwei materiellen Teilchen, die es geben muss, damit sich diese Teilchen überhaupt bewegen können. Diese Auffassung wurde u.a. von den Atomisten Demokrit und Lukrez vertreten. Nach der zweiten Ansicht, vertreten u.a. von Aristoteles, gibt es den leeren Raum gar nicht, vielmehr sei das Vakuum ein ganz feiner Stoff. (In Anlehnung an Aristoteles sprach man später sogar von einem ‚horror vacui' der Natur; die Natur würde die völlige Leere vermeiden.) Aristoteles nahm eine zugrunde liegende, eine sogenannte Erste Materie (prima materia) an, aus der heraus die beobachtbare Materie hervorginge. Die prima materia war für ihn die absolute Unbestimmtheit, das Unterschiedslose, das allem Werden und Sein zugrunde liegt, das ohne alle Form ist, aber zu jeder Form gestaltet werden kann (Hirschberger 1981). Erst Stoff zusammen mit Form soll die Zweite Materie hervorbringen, so wie beim Hausbau erst durch die Form der Baustoff zu einem Haus wird. Die Stoiker bezeichneten den feinen Urstoff, aus dem heraus alles entsteht und der in allem wirkt, als Pneuma oder Äther (Aristoteles sprach auch von einem Äther, bei ihm war das aber nur die grundlegendste Himmelsmaterie).

Wegen der großen Autorität des Aristoteles in der mittelalterlichen Scholastik war die Auffassung von der Unmöglichkeit der völligen Leere die vorherrschende Lehrmeinung bis zum 17. Jahrhundert. Erst in dieser Zeit begann sich in Europa die Meinung durchzusetzen, dass es die völlige Leere gäbe. Ausschlaggebend für diesen Meinungsumschwung waren Versuche zur Druckmessung. Toricelli hatte gezeigt, dass der Raum über der Quecksilbersäule in einem Rohr vollständig mit Wasser gefüllt werden kann, wodurch er „bewiesen" hatte, dass dieser Raum vollständig leer gewesen sein muss (s. Greiner & Wolschin 1994b). Otto von Guericke hatte die Luftpumpe erfunden und die Existenz des Vakuums (des luftleeren Raumes) demonstriert, indem er aus zwei aneinander gesetzten Halbkugeln die Luft herauspumpte, so dass selbst zwei Gespanne von jeweils acht Pferden die Halbkugeln nicht auseinanderziehen konnten. Auf der anderen Seite waren solch herausragende Wissenschaftler und Philosophen wie Descartes und Huygens weiterhin der Meinung, das Vakuum sei erfüllt mit einem ganz feinen Stoff, dem sogenannten Äther, als Träger der Kräfte (Greiner & Wolschin 1994b). Im 19. Jahrhundert entwickelte Maxwell seine Theorie der Elektrodynamik, wonach sich Licht in Form von Wellen ausbreitet. Diese Wellen wurden von Hertz experimentell nachgewiesen, was dazu führte, dass man in der Physik die Existenz eines Äthers als Trägermedium diskutierte. Einsteins Spezielle Relativitätstheorie machte dann wiederum den Äther (angeblich) unnötig, seine Allgemeine Relativitätstheorie führte jedoch kurze Zeit darauf die Raumzeit als wirklich existierende Substanz ein, was Einstein selbst als eine neue Form von Äther deutete (Einstein 1920). Und schließlich führte die QFT dazu, das

Vakuum wieder als etwas Existierendes zu betrachten, was nun noch genauer besprochen werden soll.

Eine besonders bemerkenswerte Gruppe von mathematischen Ungleichungen der QM bilden die Heisenbergschen Unschärferelationen. Diese Relationen besagen, dass die Streuungen der Werte bestimmter Größen immer größer oder gleich einer Konstanten sind. Bei der Orts-Impuls-Ungleichung bedeutet das, dass der Impuls eines Objektes völlig unbestimmt ist, wenn der Ort genau festliegt, und umgekehrt. Diese Ungleichungen lassen sich auch auf den Raum ohne materielle Objekte übertragen, was dazu führt, dass in endlich großen Gebieten permanent Energieschwankungen auftreten; und je kleiner das Gebiet ist, das untersucht wird, desto größer sind die Schwankungen. Dasselbe gilt für die Zeit. Die Energie-Zeit-Unschärferelation besagt, dass für ganz kurze Zeitintervalle Teilchen mit Masse als virtuelle Teilchen innerhalb einer Energiefluktuation auftreten können, und je kleiner die betrachtete Zeitspanne, desto größer können diese Energiefluktuationen sein. Als virtuell werden diese Teilchen bezeichnet, weil sie so kurzzeitig auftreten, dass sie nicht beobachtet werden können. Entfernt man also aus einem Gebiet alle beobachtbaren Teilchen, so entstehen und verschwinden trotzdem derartige Teilchen überall in diesem Raumgebiet. Das heißt, selbst im Vakuum „schwabbelt und wabbelt" alles (Genz 1994).

Wenngleich virtuelle Teilchen nicht direkt beobachtbar sind, führen sie dennoch zu beobachtbaren Phänomenen. Eines der bekanntesten Phänomene dieser Art ist die Vakuumpolarisation. Die virtuellen Teilchen tragen nämlich in der Regel eine elektrische Ladung, und bringt man ein reelles geladenes Teilchen (z. B. ein Proton) in einen leeren Raum, so zieht dieses reelle Teilchen die virtuellen Teilchen mit entgegengesetzter Ladung an und stößt virtuelle Teilchen mit gleicher Ladungsart ab. Im zeitlichen Mittel bildet sich dadurch um das Proton herum die in Abbildung 3 schematisch dargestellte Ladungsverteilung. Das Ladungsfeld, welches das Proton umgibt, wird durch dieses »polarisierte Vakuum« abgeschwächt, so dass seine wahre Ladung größer ist als die in einigem Abstand gemessene: Misst man die Ladung des Protons, so ist die beobachtete Ladung umso größer, je näher man dem Proton kommt.

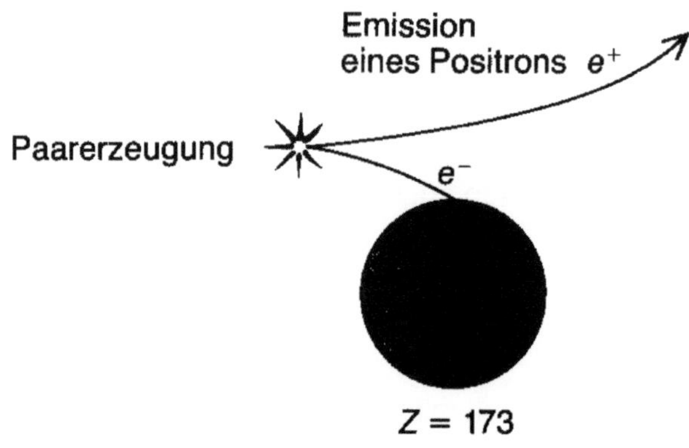

Abb. *4: In der Nähe eines sehr schweren Atomkerns kann aus dem Vakuum ein Elektron-Positron-Paar entstehen (aus Fulcher, Rafelski & Klein 1994: 50).*

Ein anderer interessanter möglicher Effekt ist der sogenannte „Zerfall des Vakuums". Dieser Effekt soll kurz beschrieben werden, weil er besonders gut die Vorstellungen illustriert, die die heutigen Physiker vom Vakuum haben. Mit dem Ausdruck „Zerfall des Vakuums" ist gemeint, dass das neutrale Vakuum in der Nähe starker elektrischer Felder in ein geladenes Vakuum zerfallen kann. Wenn nämlich im Vakuum virtuelle Teilchen entstehen, so kann das bei genügend hoher Energiefluktuation in Form von Teilchen-Antiteilchen-Paaren geschehen. Antiteilchen haben die gleiche Masse wie Teilchen, aber eine entgegengesetzte Ladung. Das Antiteilchen des Elektrons (negativ geladen) heißt Positron (positiv geladen). Bringt man nun einen sehr stark positiv geladenen Atomkern (ab einer Ladungsenergie z = 173) in einen leeren Raum, so kann das dazu führen, dass von den in der Umgebung des Kerns entstehenden virtuellen Elektron-Positron-Paaren die virtuellen Elektronen angezogen und absorbiert werden. Dies hat dann den Effekt, dass die virtuellen Positronen zu reellen Positronen werden. Das bedeutet, die

Positronen zerfallen nicht mehr, fliegen davon, und an ihren Positionen ist nun das Vakuum positiv geladen (s. Abb. 4, 5). In überkritischen Feldern ist deshalb nur ein geladenes Vakuum stabil, es hat bei solchen Feldern physikalische Eigenschaften und Quantenzahlen wie Ladung (und Spin, falls auch ein äußeres Magnetfeld vorhanden ist) (Greiner & Wolschin 1994b; Fulcher, Rafelski & Klein 1994).

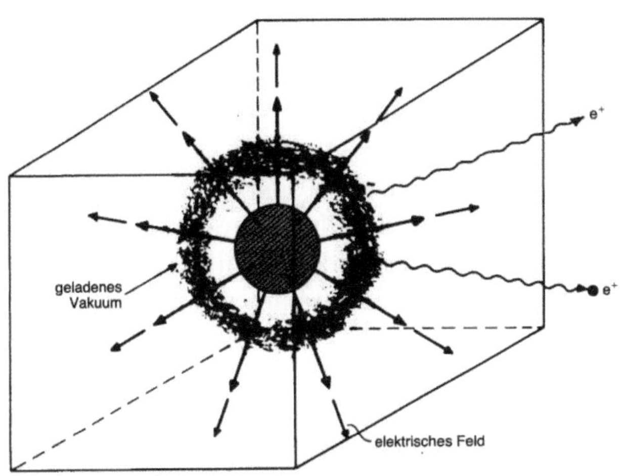

Abb. 5: In überkritischen Feldern kommt es zur Aufladung des Raumes durch Emission von Antiteilchen (Positronen: e⁺). Die Kugel in der Mitte soll einen riesigen Atomkern als Quelle des elektrischen Feldes (Pfeile) darstellen. Die diffuse Wolke deutet Elektronen im geladenen Vakuum an. Saugt man sie ab, so werden erneut Positronen emittiert, und die Elektronenwolke bildet sich von neuem. Das Vakuum ist unter solchen Bedingungen nicht mehr leer (aus Greiner & Wolschin 1994b: 13).

Ein weiteres mit den virtuellen Teilchen verbundenes Phänomen ist die Nullpunktenergie, die man am direktesten mit dem Casimir-Effekt nachweisen kann. Der Casimir-Effekt, benannt nach dem Entdecker Casimir, ist das Phänomen, dass sich zwei leitende, ungeladene und parallele Platten im Vakuum anziehen. Um diesen Effekt auf intuitive Weise zu erklären, soll einmal angenommen werden, Licht würde nicht aus Teilchen, sondern aus Wellen bestehen. Dass man Objekte als Teilchen und als Wellen deuten kann, ist einer der interessantesten, aber auch problematischsten Aspekte der QM (siehe Anhang und Arendes 2023a). Um den Casimir-Effekt zu erklären, muss man außerdem wissen, dass es im Inneren eines Leiters keine elektromagnetischen Wellen geben kann. Wenn eine elektromagnetische Welle auf einen Leiter trifft, dann ist deshalb die Eindringtiefe null. Da die Wellen nicht eindringen können, werden sie reflektiert und haben an der Plattenoberfläche einen Schwingungsknoten: siehe Abbildung 6. Das bewirkt aber, dass zwischen zwei Platten nicht Wellen mit beliebigen Wellenlängen auftreten können, sondern nur solche, die gerade zwischen die Platten passen. Während also von außerhalb beliebige Wellen auf die beiden Platten auftreffen können, können vom Zwischenraum nur bestimmte Wellentypen auf die Platten treffen, und das hat zur Konsequenz, dass von außen mehr Wellen auf die Platten treffen als von innen. Da aber die Reflektion einer Welle verbunden ist mit einem Rückstoß der Platte, werden die Platten nach innen zusammengeschoben, weil von außen mehr Energie auftrifft. Dies verdeutlicht einerseits, dass im Vakuum Druck ausgeübt werden kann, verursacht durch virtuelle Teilchen oder Wellen (Hohlraumstrahlung). Andererseits zeigt dieses Phänomen auch, dass es im Vakuum unterschiedliche Zustände geben kann, denn zwischen den Platten gibt es weniger virtuelle Teilchen als außerhalb. Das Vakuum kann somit eine spezifische Struktur haben; zwischen den Platten ist es leerer als ohne Platten oder außerhalb von Platten. Die genaue Berechnung des Effektes zeigt, dass die Größe der Plattenanziehung vom Plattenabstand abhängt und dass es selbst bei der Temperatur absolut Null eine, wenn auch kleine, Restkraft gibt. Während es also klassisch bei der absoluten Nulltemperatur keine Energie mehr geben sollte, gibt es quantenmechanisch eine sogenannte Nullpunktenergie.

Zusammengefasst kann festgehalten werden, dass Teilchen permanent entstehen und vergehen. Da dies kaum aus dem völligen Nichts heraus geschehen kann, sicherlich nicht auf so gesetzmäßige Weise, muss irgendeine Substanz existieren, die nicht direkt beobachtbar ist, die aber Beobachtbares hervorbringt. In der Physik ist hierfür neben der Bezeichnung „Vakuum" kein Name üblich. Da aber dieses „Etwas" auch existiert, wenn es Teilchen hervorgebracht hat, also nicht im Zustand niedrigster Energie, dem Vakuum, ist, sollte man hierfür einen eigenen Namen einführen. Heisenberg (1990) hatte vom Potentia-Zustand gesprochen, aus dem heraus die Teilchen aktualisiert würden. Man kann auch von der Urmaterie (Heisenberg 1967) oder mit Aristoteles von der prima materia sprechen. Aufgrund der Geschichte der Physik bietet sich aber an, den Ätherbegriff auf diese Weise neu zu definieren. Der Äther wäre dann im Sinne der heutigen Physik eine allgegenwärtige Substanz, die unbeobachtbar ist, aber Beobachtbares hervorbringen kann (evtl. aus einer zusätzlichen Raumdimension heraus), und die im Zustand niedrigster Energie als Vakuum (ohne reelle Teilchen) bezeichnet wird (vgl. Saunders & Brown 1991b; Finkelstein 1991).

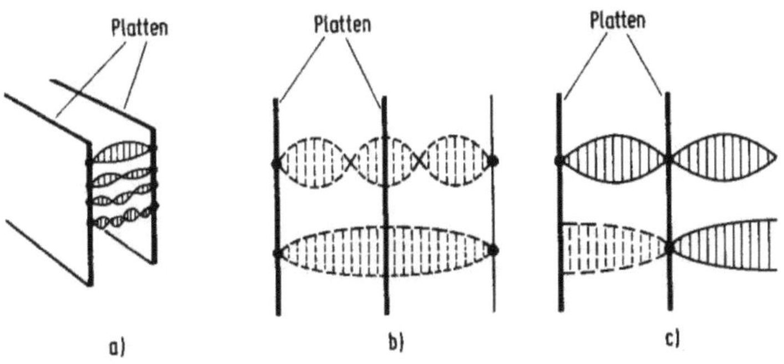

Abb. 6: *Wellen zwischen Einspannungen (aus Genz 1994: 231). Die Skizze in b zeigt einen physikalisch unmöglichen Zustand.*

In der Literatur wird im Zusammenhang mit dem Vakuum als Erläuterung oft der sogenannte Dirac-See erwähnt (s. Abb. 7). Bei dieser Veranschaulichung liegen die beobachtbaren Teilchen an der Oberfläche der See, wohingegen die Welt bis tief nach unten reicht. Dirac hatte dieses Bild entworfen, um dadurch die Lösungen mit negativer Energie der nach ihm benannten relativistischen Dirac-Gleichung plausibel zu machen. Dass Teilchen mit negativer Energie existieren sollen, ist natürlich sehr unplausibel, und aus diesem Grund stellte Dirac die Hypothese auf, dass alle Zustände mit negativer Energie zwar tatsächlich existieren würden, dass aber Löcher in dieser Zustandsbesetzung sich so verhalten, als wären sie Teilchen mit positiver Energie, jedoch mit umgekehrter Ladung. Abbildung 7 soll andeuten, dass im negativen Energiebereich nach unten hin alle Zustände mit Teilchen besetzt sind und dass bei einer Teilchen-Antiteilchen-Bildung des Vakuums ein Teilchen in den positiven Energiebereich gehoben wird und dadurch ein Loch im negativen Bereich hinterlässt. Dieses Loch verhält sich nun beobachtbar wie ein Antiteilchen mit positiver Energie. Wenn beispielsweise das Teilchen ein Elektron ist, wird das andere als Positron beobachtet. Diese Interpretation der Teilchen mit negativer Energie ist natürlich sehr ad hoc (nach einer anderen Deutung handelt es sich dabei um normale Teilchen, die aber in der Zeit von der Zukunft kommend in die Vergangenheit laufen) und sie ist auch von Dirac selbst später aufgegeben worden. Diese Deutung lässt sich zum Beispiel für eine bestimmte Teilchenart, für Bosonen, nicht vertreten (Greiner & Reinhardt 1984). Ein See ist aber trotzdem eine gute Veranschaulichung des Vakuumbegriffes; die beobachtbare Welt liegt an der Oberfläche, die gesamte Welt hingegen ist wesentlich umfangreicher.

Physiker gebrauchen innerhalb der Physik und in der Öffentlichkeit gern den Begriff „Elementarteilchen“, und es wird immer wieder der Eindruck erzeugt, die gesamte Welt würde allein aus derartigen Elementarteilchen, aus Quarks, Leptonen (z. B. Elektronen) und Eichbosonen (z. B. Photonen), welche die Kräfte übertragen, bestehen. Im Zusammenhang mit dem Vakuumbegriff muss deshalb hervorgehoben werden, dass sich die Physiker sehr unklar darüber sind, was diese „Teilchen“ wirklich sind. Wie man die QM physikalisch zu verstehen hat, wird seit ihrer Entstehung heftig diskutiert. Besonders bekannt sind das Problem der Welle-Teilchen Dualität und das Problem der Reduktion der Wellenfunktion (s. Anhang). An dieser Stelle soll hierzu nur soviel gesagt werden, dass diese „Elementarteilchen“ lokalisierte Phänomene sind, die vielleicht erst in der Beobachtung bzw. bei der Wechselwirkung mit der Umwelt, mit Makroobjekten, z. B. Messgeräten entstehen. Vor der Beobachtung handelt es sich um potenzielle Zustände, die nach der hier vertretenen Deutung innere Zustände des Äthers sind. Dass die atomistische Weltanschauung, wonach die Welt lediglich eine Vielzahl kleinster Teilchen ist, nicht haltbar ist, lässt sich auch unabhängig von der Deutungsproblematik der QM leicht verständlich machen. Einerseits kann man allein mit demokritschen Atomen (d.h. mit kleinsten klassischen Teilchen) Bewusstseinsqualitäten, z. B. Wärme- und Farbempfindungen, nicht erklären. Wärme- und Farbempfindungen sind emergente Phänomene, die allein von Atommassen nicht hervorgebracht werden können, und unser visuelles Wahrnehmungsbewusstsein besteht aus einem *Kontinuum* von Farben, das von *diskreten* Einheiten nicht aufgespannt werden kann. Andererseits lassen sich selbst physikalische Anziehungen (z. B. magnetische oder gravitative) allein aufgrund der Druck- und Stoßwirkung von Atomen nicht erklären. Wenn ein Körper als Anziehungskraft Teilchen zu einem anderen Körper ausstrahlt, wie könnten diese Kraftteilchen das zweite Objekt dazu bringen, sich in die richtige Richtung zu bewegen? Müsste nicht das auftreffende Kraftteilchen das Objekt beim Aufprall in die entgegengesetzte Richtung wegstoßen?

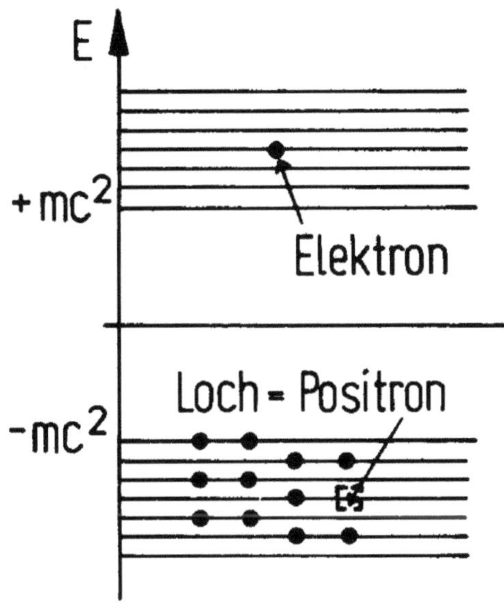

Abb. 7: Diracs „Unterwelt" – alle Zustände negativer Energie sind normalerweise mit Elektronen besetzt. Das Pauli-Prinzip verhindert das Herunterfallen von Elektronen positiver Energie. Ein unbesetzter Zustand negativer Energie (Loch) erscheint als Teilchen mit gleicher Masse, aber positiver Ladung (Positron, Antiteilchen) (aus Rafelski & Müller 1985: 31).

Zusammenfassend kann festgestellt werden, dass sich heute wegen all dieser hier beschriebenen Phänomene, Argumente und Theorien in der Physik wieder die Meinung durchsetzt, dass es neben den beobachtbaren materiellen Objekten eine unbeobachtbare Grundsubstanz geben muss, die die beobachtbare Materie hervorbringt. Es gibt sogar Autoren, welche vermuten, dass das Vakuum nicht nur die Materie, sondern auch die Raumzeit hervorbringt. Es ist nämlich bislang nicht gelungen, die QM mit der ART zu vereinigen, und eine zukünftige quantenmechanische Gravitationstheorie könnte zu der Ansicht führen, dass auch das geometrische Feld der ART, die Raumzeit, aus dem Vakuum entsteht (vgl. Bohm & Hiley 1993; Saunders & Brown 1991a). Darüber hinaus gibt es sogar Physiker, die vermuten, dass das Vakuum auch einen Einfluss auf die Naturgesetze habe (Rafelski & Müller 1985).

3.2 Elementarteilchen und Wechselwirkungen

Als es im 17. Jahrhundert in der Physik zum Wechsel von der aristotelischen zur mechanistischen Physik kam, begann man anzunehmen, dass die Welt nur aus kleinsten Teilen – in Anlehnung an die antike griechische Philosophie Atome genannt – und den zwischen ihnen wirkenden Kräften bestehen würde. So glaubte man um 1900, diese kleinsten Teile gefunden zu haben in denjenigen Objekten, die seitdem in der Physik als Atome bezeichnet werden. Doch bald stellte sich heraus, dass diese Atome aus Elektronen und einem Atomkern bestehen, welcher wiederum aus Protonen und Neutronen besteht. Und heute kennen wir einen vielfältigen Teilchenzoo, wobei man allerdings nicht mehr annehmen kann, dass diese sogenannten Elementarteilchen tatsächlich im Sinne der antiken Griechen die kleinsten unzerstörbaren Grundbausteine der Welt seien, worauf bereits im vorigen Kapitel eingegangen worden ist. Trotzdem spielen diese „Teilchen" in der heutigen Physik und sicher auch in der Natur eine bedeutende Rolle, selbst wenn ihre genaue ontologische Seinsweise noch umstritten ist, und deshalb soll in diesem Kapitel ein grober Überblick über die heute bekannten Teilchen gegeben werden.[1]

Elementarteilchen kann man in drei Gruppen einteilen, in Quarks, Leptonen und Eichbosonen. Die Quarks machen, will man die Sprache der Baukasten-Denkweise benutzen, die Bestandteile von Protonen und Neutronen aus und zu den Leptonen zählt beispielsweise das Elektron. Neben anderen Eigenschaften haben Protonen eine Masse von $938{,}28$ MeV/c^2 (gemessen als Energie) und eine positive elektrische Ladung von $+1$; Neutronen sind elektrisch neutral mit einer Masse von $939{,}57$ MeV/c^2; Elektronen haben die Masse $0{,}51$ MeV/c^2 mit der negativen elektrischen Ladung -1; und Quarks haben Massen von 5 bis 170.000 MeV/c^2 mit elektrischen Ladungen von $-1/3$ und $+2/3$. Die Eichbosonen sind diejenigen Elementarteilchen, welche für die Wechselwirkungen zwischen der Materie verantwortlich sind; beispielsweise ist das masselose und elektrisch neutrale Photon Überträger der elektromagnetischen Kraft. Beschrieben werden diese Wechselwirkungen von Quantenfeldtheorien, in denen „Teilchen" als Feldquanten auftreten, und die schon erwähnten virtuellen Teilchen sind sehr kurzlebig und unbeobachtbar. Das bedeutet, dass auch die zwischen den Teilchen wirkenden Kräfte, heutzutage in der Physik als Wechselwirkungen bezeichnet, von den Feldtheorien als Austausch von Teilchen beschrieben werden. Zu jedem Teilchen gibt es außerdem ein Antiteilchen, welches fast dieselben Eigenschaften hat wie das zugeordnete Teilchen und nur bezüglich seiner inneren Eigenschaft (wie elektrische Ladung) entgegengesetzt ist – wie schon im vorigen Kapitel erwähnt, ist das Elektron elektrisch negativ, das Positron hingegen bei gleicher Masse elektrisch positiv.

Protonen und Neutronen werden auch als Hadronen bezeichnet und alle Hadronen setzen sich aus Quarks zusammen. Man unterscheidet verschiedene Quarktypen (je nach Theorie bis zu 12 Typen), welche sich unterscheiden anhand ihrer Eigenschaften Flavor und Farbe (was nichts

---

[1] Soweit nicht anders zitiert, beziehe ich mich bei meiner Darstellung der Elementarteilchenphysik auf den Sammelband von Dosch 1995.

zu tun hat mit der herkömmlichen Farbe – die Namensgebung in der Quarktheorie ist leider sehr irreführend, was andererseits sehr gut die Willkürlichkeit der menschlichen Namensgebung verdeutlicht). Auf die genaue Natur dieser und anderer physikalischer Eigenschaften soll hier nicht näher eingegangen werden, da zu deren Verständnis ein detaillierteres physikalisches Wissen nötig ist, als es im Rahmen dieser Zusammenfassung vermittelt werden kann. Die verschiedenen Typen von Quarks werden bezeichnet als down-Quark, strange-Quark, charm-Quark usw., und wegen dieser hohen Typenzahl und ihrer Umwandlungsfähigkeit ineinander vermuten manche Theoretiker sogar, dass Quarks nicht elementar seien, sondern sich wiederum aus anderen Teilchen zusammensetzen, beispielsweise Präonen genannt. Eine weitere Besonderheit der Quarks ist, dass man sie nicht isolieren kann; denn um sie isoliert beobachten zu können, müsste man eine so hohe Energie aufwenden, dass diese Energie sich gemäß $E = mc^2$ zu Quark-Antiquark-Paaren umwandeln würde, so dass nach heutigem Wissen Quarks nur im Verbund als andere Teilchenarten auftreten können.

So verwirrend die Vielzahl der Elementarteilchen auch ist (noch nicht erwähnt wurden beispielsweise Teilchen aus der Gruppe der Leptonen wie Myonen, Neutrinos oder τ-Leptonen), ihre Wechselwirkungen beschränken sich jedoch nach heutigem Wissen auf vier Grundkräfte. Am bekanntesten sind die Gravitation für die Massenanziehung und der Elektromagnetismus, welcher zwischen elektrisch geladenen Teilchen wirkt; darüber hinaus kennt man die starke Wechselwirkung (WW) und die schwache WW. Die starke WW hält die Protonen und Neutronen im Atomkern zusammen und sie ist auch die Kraft, die die Quarks aneinander bindet. Die schwache WW spielt beim Zerfall einiger Elementarteilchen eine Rolle. Die Feldquanten dieser Kräfte sind das Photon für den Elektromagnetismus, die intermediären Vektorbosonen für die schwache WW, die Gluonen für die starke WW und hypothetisch (da noch nicht nachgewiesen und noch keine allgemein akzeptierte quantenmechanische Theorie hierfür vorliegt) das Graviton für die Gravitation.

Maxwell war es im 19. Jahrhundert gelungen, Elektrizität und Magnetismus in seiner Theorie des Elektromagnetismus miteinander zu verknüpfen (heute gibt es hierfür die Quantenelektrodynamik), und analog versuchen heute Physiker, alle vier Wechselwirkungen in einer einzigen Theorie so zu vereinen, dass alle vier Kräfte nur die verschiedenen Manifestationen einer einzigen grundlegenden Kraft bilden. Für die schwache und die elektromagnetische WW gibt es bereits eine gemeinsame Theorie, obwohl diese beiden Kräfte noch physikalisch verschieden bleiben.

Zum Schluss soll noch einmal auf die Problematik des Teilchenbegriffs hingewiesen werden. Was die quantenmechanischen Entitäten ontologisch sind, ist sehr umstritten (siehe Anhang). Es handelt sich bei diesen Teilchen sicherlich nicht um ewige und unzerstörbare Grundbausteine der Welt, was besonders die virtuellen, d.h. sehr kurzzeitigen Teilchen verdeutlichen. Wegen der Welle-Teilchen-Dualität sprechen manche Physiker auch statt von Teilchen von Feldern oder mathematisch korrekter von Feldquanten. Insbesondere die auch von mir hier verwendete Ausdrucksweise, dass ein Teilchen sich aus anderen Teilchen „zusammensetze" oder es aus ihnen „bestehe" (z. B. Protonen aus Quarks) ist deshalb nicht wirklich räumlich, sondern metaphorisch zu verstehen. Eher könnte man mit Heisenberg (1967) vermuten, dass die verschiedenen beobachtbaren „Teilchen" lediglich verschiedene angeregte Zustände eines universellen Materiefeldes darstellen oder dass sie in unserer Terminologie ausgedrückt verschiedene Hervorbringungen des Vakuums oder Äthers sind, wohingegen unbeobachtbare Entitäten wie vermutlich die Quarks nur eine Rolle bei der Informationsverarbeitung im Äther spielen; und auf die naturgesetzliche Informationsverarbeitung wird im folgenden Kapitel eingegangen.

3.3 Naturgesetze und Information

Eine Vorbedingung dafür, dass wir die Welt zumindest teilweise erkennen können, ist, dass es in ihr Gleiches, Ähnliches und Wiederholbares gibt. Damit Objekte und Beziehungen wiedererkennbar, identifizierbar sind, muss es bleibende oder wiederkehrende Individuen und Objekte geben (z. B. Personen, Berge o.ä.), Beziehungen müssen annähernd gleich bleiben (z. B. Sterne sind hell, Steine sind hart und schwer) und Beziehungen zwischen Beziehungen sollten konstant sein (z. B.: Alle Körper fallen gleich schnell und unabhängig von Ort und Zeit). Nur wenn es derartig Gleichbleibendes gibt, können wir Objekte wiedererkennen, Begriffe bilden, Regelmäßigkeiten finden und Invarianten entdecken (s. Vollmer 1995). Derartige Regelmäßigkeiten sind bei vielen Beziehungen nur annähernd und nur für bestimmte Zeitspannen vorhanden, hingegen spricht man bei den Regularitäten der physikalischen Phänomene wegen ihrer hohen quantitativen Exaktheit überall im Raum und für vielleicht alle Zeiten von den „Naturgesetzen". Genauer gesagt ist ein wissenschaftliches Gesetz „eine bestätigte wissenschaftliche Hypothese, die eine konstante Relation zwischen zwei oder mehr Variablen feststellt, welche jede eine Eigenschaft von konkreten Systemen (wenigstens teilweise und indirekt) repräsentiert" (Bunge 1967, I: 312).[1] Ein Beispiel ist das Gesetz von der Energieerhaltung: »Die Energie eines isolierten Systems ist zeitlich konstant«; mathematisch ausgedrückt: $\partial E / \partial t = 0$. Derartige Naturgesetze gelten mit beachtlicher quantitativer Genauigkeit, sie sind aber trotzdem nur hypothetisch und oftmals nur approximativ gültig. Wohingegen zum Beispiel das Gesetz von der Energieerhaltung zu Beginn des 20. Jahrhunderts als unumstößlich und vollständig gültig betrachtet wurde, ist es heute auf kosmologischer und mikrophysikalischer Ebene nicht mehr gültig. Heute wird in der Physik angenommen, dass die Materie-Energie mit dem Urknall entstanden ist und dass es in ganz kleinen Zeitbereichen wegen der Energie-Zeit-Unschärferelation zu beträchtlichen Energieschwankungen kommt.

Naturphilosophisch besonders interessant ist natürlich die Frage nach dem ontologischen Status der Naturgesetze. Warum verhalten sich Objekte naturgesetzlich? Wie sind Naturgesetze in der Natur verankert? Die Quantenphysik hat zum Beispiel entdeckt, dass Lichtquanten, die

---

[1] "A scientific law is a confirmed scientific hypothesis stating a constant relation among two or more variables each representing (at least partly and indirectly) a property of concrete systems."

von einer Lichtquelle ausgesendet wurden, in einiger Entfernung auf einer photographischen Platte mit bestimmten Wahrscheinlichkeiten ein bestimmtes Absorptionsmuster erzeugen. Nun kann man sich fragen, warum das Licht zwischen der Lichtquelle und der photographischen Platte nicht eine völlig andere Richtung einschlägt, es etwa nach einiger Zeit die Richtung umkehrt und es sich wieder zur Quelle zurück bewegt. Es muss irgendetwas am Licht oder zwischen Quelle und Fotoplatte geben, was für das gesetzmäßige Verhalten der Lichtquanten verantwortlich ist. Im Rahmen des klassischen mechanistisch-atomistischen Weltbildes war die Antwort ganz einfach: Die Welt besteht aus kleinsten Teilchen, die ihre einmal eingeschlagenen Bewegungsrichtungen beibehalten, sofern keine äußeren Kräfte auf sie einwirken. Naturgesetze wären danach lediglich die Beschreibung des Verhaltens der Objekte, das sie aufgrund ihrer inneren Eigenschaften haben. Nun sind aber in der QM die Lichtquanten und alle anderen „Elementarteilchen" keine Objekte, die sich auf einem bestimmten geradlinigen Weg durch den Raum bewegen und dabei beständig mit sich und ihren Eigenschaften identisch bleiben. Quantenphänomene sind nach heutigem Wissensstand keine substanziellen Objekte, die immer mit sich identisch sind; es sind vielmehr Phänomene, die man mit bestimmten Wahrscheinlichkeiten wiederholt beobachten kann, und was zwischen zwei Beobachtungen geschieht, ist unklar. Wenn nun das Experiment mit der Lichtquelle und der Fotoplatte in einer Vakuumkammer durchgeführt wird (d.h. im Vakuum gibt eine Lichtquelle Energie ab und kurze Zeit später entsteht auf einer Fotoplatte auf gesetzmäßige Weise ein Absorptionsmuster), dann sollte es doch zwischen Lichtquelle und Fotoplatte im Vakuum irgendetwas geben, was für diese Gesetzmäßigkeit verantwortlich ist. Im Rahmen der hier vorgestellten Weltauffassung soll deshalb die Annahme gemacht werden, dass das Vakuum oder besser ausgedrückt der Äther eine innere Struktur besitzt, die für diese Gesetzmäßigkeit verantwortlich ist. Genau betrachtet ist das eine triviale Annahme, denn wie sollte es anders sein? Nicht trivial ist hingegen die Frage, auf welche Weise die Naturgesetze im Äther verankert sind. Diese Frage lässt sich aber zurzeit nicht beantworten, da man über das Vakuum bzw. über den Äther noch zu wenig weiß. Will man sich die Wirkungsweise der Naturgesetze trotzdem irgendwie plausibel machen, so kann man als Analogie die Welt mit einem Computer vergleichen. Nach dieser Analogie wären die Naturgesetze auf ähnliche Weise im Äther verankert wie die Software eines Computers in dessen Hardware. Das naturgesetzliche Verhalten der beobachtbaren Phänomene der realen Welt sollte sich somit aus einer bestimmten Strukturierung des Äthers ergeben, so wie die Phänomene auf einem Computerbildschirm durch die Prozesse in einer bestimmten Konstellation von Chips, Transistoren o.ä. entstehen. In der Weise, wie man von der Existenz der Software in einem Computer sprechen kann, kann auch gesagt werden, Naturgesetze seien in der Welt, im Äther, implementiert. Naturgesetze sollen deshalb in der hier vertretenen WWA als Information aufgefasst werden, die die Objekte der Welt steuern, so wie die Software die Information eines Computers ist, welche die Prozesse des Computers bestimmt.

In diesem Zusammenhang ist eine interessante und schon oft gestellte Frage, warum sich die physikalischen Naturgesetze *mathematisch* darstellen lassen. Eine zunächst nahe liegende Antwort auf diese Frage ist, die Wissenschaftler würden die Natur sorgfältig beobachten und danach ihre Beobachtungsergebnisse von der Alltagssprache in die quantitativ exaktere mathematische Sprache übersetzen. Dies ist aber nicht die Vorgehensweise der Physik, um zu grundlegenden Theorien zu gelangen (vgl. Arendes 2024). Bei tiefliegenden wissenschaftlichen Problemen werden zunächst die mathematischen Gleichungen erraten, um diese dann mit Experimenten zu untersuchen. Auf die Frage nach der Ursache der Anwendbarkeit der Mathematik wird auch gern die Antwort gegeben, dass Menschen ihre Erkenntnisse mit ihren Denkstrukturen konstruieren, so dass die Physik deshalb mathematisch sei, weil dies unserem Denkvermögen entspreche. Bei dieser Argumentation wird nicht berücksichtigt, dass viele Menschen, auch Wissenschaftler, große Probleme mit der Mathematik haben; unmathematische Denkweisen fallen uns leichter. Warum haben Wissenschaftler mit anderen, mit unmathematischen Denkstrukturen nicht einen ähnlichen Erfolg mit ihren „Konstruktionen" wie die theoretischen Physiker mit ihren mathematischen „Konstruktionen"? Offensichtlich sind nicht alle Konstruktionsarten gleich gut. Die auf Platon zurückgreifenden Philosophen und Mathematiker vertreten die Überzeugung, dass mathematische Strukturen oder Ideen in der Natur eine wirkliche Existenzweise haben. Beim Vergleich der Welt mit einem Computer ist die Mathematik in dem Maße wirklich existent, wie die Software eines Computers etwas Existierendes ist; die Mathematik wäre somit in dem Sinne etwas wirklich Existentes, wie mathematische Beziehungen in der Struktur des Vakuums verankert sind (vgl. Irvine 2009). Eine platonische Weltauffassung vertrat zum Beispiel einer der wichtigsten Begründer der neuzeitlichen Naturwissenschaft, Galilei, ebenso Heisenberg und auch heute noch bekennen sich viele namhafte theoretische Physiker dazu (z. B. Penrose 1994 und Chauvet 1995).[1]

Eine besondere Eigenschaft der Naturgesetze, deren Symmetrien, soll noch hervorgehoben werden. Von einer Symmetrie spricht man, wenn ein Objekt oder auch ein Naturgesetz einer Transformation unterworfen werden kann und es danach dieselbe Gestalt hat oder auf dieselben Resultate führt wie zuvor. Ist beispielsweise $\Psi(x)$ eine Lösung der Schrödinger-Gleichung für freie Teilchen, so kann man eine räumliche Verschiebung ε durchführen, und die dadurch erhaltene Funktion $\Psi(x + \varepsilon)$ ist wiederum eine Lösung der Schrödinger-Gleichung. Derartige Symmetrien der physikalischen Naturgesetze spielen heute in der Physik eine überragende Rolle. Die heutigen fundamentalen Theorien der Physik werden nämlich entdeckt, indem man zunächst eine dem System zugrunde liegende Symmetrie bzw. Symmetriegruppe vermutet, und diese Symmetrieannahme führt dann zur mathematischen Ausgestaltung der Theorie. Der Quantenelektrodynamik liegt zum Beispiel eine Symmetriegruppe zugrunde, die mit U(1) bezeichnet wird, und der

---

[1] Wenn man sich bei dieser platonischen Mathematikauffassung auf Platon beruft, gibt man allerdings oft dessen Meinung nur ungenau wieder. Platon hielt zwar die Mathematik für wirklicher als die Materie, aber auch die Mathematik war für ihn noch nicht das wirkliche Sein (Platon 1994). Wie auch sein Schüler Aristoteles (1984) berichtete, hatte die Mathematik für Platon nur eine Mittelstellung zwischen den Formen und den Sinnesdingen. Benutzt man die Computer-Analogie, so wäre die Hardware (der Äther mit seiner inneren Struktur) der letzte Grund der Welt, und die mathematischen Formulierungen würden nicht den Maschinencode wiedergeben, sondern nur eine handlichere Anwendersprache sein, so wie beim Computer Pascal und C++ nur Anwendersprachen sind und nicht der Maschinencode oder die Beschreibung der physikalischen Struktur der Chips, Transistoren o.ä.

Quarktheorie die SU(3). Symmetrien führen also zu den mathematischen Gleichungen, aus denen dann experimentelle Vorhersagen folgen. Es soll hier jedoch nicht der Standpunkt vertreten werden, dass die Symmetrien eigenständige ontologische Entitäten seien, wie man es vielleicht als eine extrem platonische Position vermuten könnte.[1] Symmetrien sind vielmehr lediglich allgemeine Eigenschaften der Naturgesetze, welche allerdings wirklich existent sind als Software der Welt. Mit Wigner kann man Symmetrien auch als Metagesetze bezeichnen; sie geben die allgemeine Form der Naturgesetze an. Warum die Naturgesetze diese Symmetrien haben bzw. warum den mathematischen Theorien der Physik bestimmte Symmetriegruppen unterliegen, darüber lässt sich heute keine Aussage machen.

In unserer WWA werden Naturgesetze als Informationen gedeutet, die die Objekte der Welt steuern, und über die Stellung des Informationsbegriffes in der QM soll nun noch einmal detaillierter hingewiesen werden. Erfahrene Psychologen wissen schon seit langem, dass es zwischen Menschen telepathische Informationsübertragungen geben kann (s. Bender 1980), und etwas Ähnliches ist seit ein paar Jahren auf der Ebene der Elementarteilchen ein experimentell nachgewiesenes Faktum: Zwischen Elementarteilchen lassen sich instantan und ohne Einfluss des zwischen ihnen liegenden Raumes Informationen übertragen (dadurch allein kann man aber noch keine Nachrichten übermitteln). Bennett et al. haben 1993 erstmals darauf aufmerksam gemacht, dass es nach der QM möglich sein sollte, den Quantenzustand eines Teilchens auf ein anderes Teilchen zu übertragen, indem man ihren Verschränkungszustand ausnutzt, und die erste experimentelle Durchführung einer derartigen Quantenteleportation veröffentlichte eine Forschungsgruppe um Anton Zeilinger mit dem Artikel *„Experimental quantum teleportation"* (Bouwmeester et al. 1997). In ihrem Experiment geht es darum, den Polarisationszustand eines Photons 1 am Ort A auf ein anderes Photon am Ort B zu übertragen. Hierfür wird zunächst ein

---

[1] Bei dieser extremen Deutung würde man in Anlehnung an Platon (siehe vorherige Fußnote) sagen, dass die mathematischen Gleichungen eine Mittelstellung zwischen den Symmetrien und den beobachteten Phänomenen einnehmen.

Photonenpaar 2 und 3 in einem bestimmten Verschränkungszustand, in einem sogenannten Bell-Zustand, hergestellt, und Photon 2 nach A und Photon 3 nach B gebracht. Bei A lässt man dann Photon 1 und Photon 2 derartig miteinander wechselwirken, dass auch sie in einen verschränkten Bell-Zustand übergehen. Sobald dies geschieht, geht Photon 3 bei B in den ursprünglichen Zustand von Photon 1 über, instantan und unabhängig von der Entfernung zwischen A und B. Hervorhebenswert ist, dass hierbei keinerlei materielle Übertragung von A nach B erfolgt. In einem späteren von Zeilingers Forschungsgruppe berichteten Experiment lagen A und B auf den kanarischen Inseln von La Palma und Teneriffa, 143 km voneinander entfernt (Ma et al. 2012).

Wegen derartiger Experimente vermuten immer mehr Physiker, dass es einen verborgenen Weltbereich gibt (z. B. Nielsen und Chuang 2000: 96) und dass der Informationsbegriff ein physikalischer Begriff sein könnte mit mindestens ebenso fundamentaler Bedeutung wie der Energiebegriff. So deutet Zurek (2002: 22) an „eine noch radikalere Sicht der ultimativen Deutung der Quantentheorie, in der Information dazu bestimmt ist, eine zentrale Rolle zu spielen.“[1] Und Zeilinger (2002: 252) schreibt: „Das Quanten*system* ist dann nichts Anderes als der konsistent konstruierte Referent der *Information*, die im Quantenzustand repräsentiert ist.“[2]

3.4 Emergenz

Unter Emergenz versteht man die Entstehung von etwas Neuem, und das prägnanteste Beispiel hierfür ist das Erwachen aus dem Schlaf, die Entstehung von Bewusstsein. Die Entstehung von neuen Eigenschaften ist auch in der Physik ein bekanntes Phänomen: Bringt man eine sehr

---

[1] „a still more radical view of the ultimate interpretation of quantum theory in which information seems destined to play a central role. ”

[2] „The quantum *system* then is nothing other than the consistently constructed referent of the *information* represented in the quantum state.“

große Anzahl von Teilchen zusammen, so hat die gesamte Ansammlung eine Temperatur. Temperatur ist eine physikalische Eigenschaft, die keines der Einzelteilchen besitzt und die erst als Vielteilcheneigenschaft definierbar ist. Andere Beispiele für solche Vielteilcheneigenschaften sind Druck und Entropie. Emergenz gibt es jedoch bereits unterhalb der Vielteilchenebene. Die Entstehung von Elementarteilchen aus dem Vakuum ist ebenfalls das Auftauchen von etwas Neuem. Die Auf- und Absteigeoperatoren der QFT, Teilchenerzeugungs- und -vernichtungsoperatoren, sind eine physikalische Beschreibung von Entstehungs- und Vernichtungsvorgängen. Das berühmte Problem der Reduktion der Wellenfunktion der QM bzw. das Problem der Entstehung klassischer Eigenschaften ist vielleicht deshalb noch nicht vollständig befriedigend gelöst, weil man das Auftauchen von neuen Phänomenen – hier von physikalisch beobachtbaren Größen – wissenschaftlich noch nicht richtig verstanden hat; im Rahmen der Untersuchungen zur Dekohärenz (s. Kap. 6) hat es jedoch schon wichtige Fortschritte gegeben. Dass es Emergenz gibt, ist heute in der Wissenschaft unbestreitbar, wie man aber so etwas im Detail erklären kann, ist für viele Fälle noch ungewiss.

Man weiß, dass viele neue Eigenschaften sogenannte Systemeigenschaften sind. Unter einem System versteht man eine Einheit von mehreren Komponenten mit ihren Wechselwirkungen, was oftmals von der Existenz einer Eigenschaft begleitet ist, welche nur das Gesamtsystem besitzt und nicht allein aus den Komponenten erklärbar ist. So sind Wasserstoff und Sauerstoff Gase, Wasser hingegen (ein Wasserstoff-Sauerstoff-System) ist eine Flüssigkeit. Kohlenstoff und Stickstoff sind harmlos; ihre Verbindung (Cyan) ist hochgiftig. Graphit und Diamant bestehen beide nur aus Kohlenstoff; sie haben aber völlig verschiedene Eigenschaften, weil der Kohlenstoff jeweils anders angeordnet ist. Diese Beispiele verdeutlichen die alte These, dass das Ganze mehr ist als die Summe seiner Teile. Hierfür lassen sich leicht weitere Beispiele und auch aus der Physik anführen. Aus der Elektrizitätslehre ist bekannt, dass die Art der Zusammenschaltung von ohmschen Widerständen R_1, R_2 ... bedeutsam ist. Schaltet man sie hintereinander, so ist der Widerstand R des Gesamtsystems einfach die Summe $R = R_1 + R_2$ ... Schaltet man sie jedoch parallel, so ist der Gesamtwiderstand nicht die

Summe der Einzelwiderstände, sondern die Summe von deren Reziprokwerten: $R = \frac{1}{R_1} + \frac{1}{R_2}$ .... Ein ähnliches Beispiel gibt die sogenannte Relativitätstheorie: Die Erde ist ein sich bewegendes System und bewegt man auf der Erde ein Objekt und misst seine Geschwindigkeit, so ist von außerhalb der Erde betrachtet die Gesamtgeschwindigkeit des Objektes nicht einfach die Summe von Erdgeschwindigkeit v_1 und der auf der Erde gemessenen Objektgeschwindigkeit v_2, sondern $v = \frac{v_1+v_2}{1+\frac{v_1 \cdot v_2}{c^2}}$ mit c für die Lichtgeschwindigkeit. Bei diesen beiden letztgenannten Beispielen tauchen jedoch noch keine völlig neuen Eigenschaften auf; es handelt sich hier nur um nichtsummative Werte von Größen, die auch die Einzelsysteme besitzen. Manche Autoren sprechen deshalb hier nicht von emergenten Eigenschaften, sondern von Resultierenden oder Resultanten (vgl. Vollmer 1995).

Hinsichtlich der Entstehung von neuen Phänomenen lassen sich mehrere Typen unterscheiden. Im Folgenden sollen die drei Arten 1. der Entstehung von Organisationseinheiten bzw. Systemen, 2. der Entstehung von Strukturen innerhalb von Systemen und 3. der Entstehung von gänzlich neuen Entitäten unterschieden werden. Mit der Entstehung von Systemen ist gemeint, dass sich im Lauf der Evolution nach dem Urknall aus der fast homogenen oder chaotischen Elementarteilchenansammlung (egal welche Seinsform sie auch haben mögen) zunächst Protonen, Neutronen und Elektronen zu Atomen zusammenlagerten, danach verschiedene Atome zu Molekülen, diese zu Makroobjekten, zu Zellen, Organismen, Gesellschaften und Gesellschaftssystemen. Mit dem zweiten Typ ist gemeint, dass sich innerhalb eines Systems verschiedene neue Strukturen ausbilden können. Zum Beispiel kommt es in einem Stromkreis, der einen Kondensator und eine Spule enthält, zu oszillierenden Schwankungen. Strom und Spannung schwanken zwischen positiven und negativen Werten; man spricht deshalb von einem Schwingkreis. Bei diesem Beispiel handelt es sich um das Auftauchen einer Verhaltensstruktur innerhalb eines Systems. Mit dem dritten Typus, der Entstehung von völlig neuen Entitäten, ist gemeint die Entstehung von völlig neuen Eigenschaften wie die Entstehung des Bewusstseins, wenn man aus dem Schlaf erwacht. Bei den ersten beiden Typen handelt es sich bloß darum, dass sich bereits existierende Objekte raumzeitlich besonders anordnen: Atome (falls sie tatsächlich real sein sollten) bleiben auf spezifische Weise beieinander, so dass man sie zusammen als eine Einheit, als ein Molekül, auffassen kann; beim menschlichen Körper lagern sich die Moleküle in einer spezifischen raumzeitlichen Lage zusammen, so dass man von einer größeren Einheit, dem ganzen Lebewesen sprechen kann; beim Schwingkreis verändert sich die räumliche Konstellation der elektrischen Teilchen des Systems im Lauf der Zeit derartig, dass sie Schwingungen bilden. Demgegenüber sind die Entstehung der Temperatur beim Vielteilchensystem, die Entstehung von Materieteilchen aus dem Vakuum und die Entstehung von Bewusstsein nicht bloß neue Anordnungen von bereits existierenden Entitäten zu einer neuen Struktur oder Systemeinheit, hierbei entstehen tatsächlich völlig neuartige Entitäten. Die ersten beiden Typen kann man als strukturelle Emergenz charakterisieren, den dritten Fall als Entitätenemergenz. Die strukturelle Emergenz wird in der Literatur auch als Selbstorganisation bezeichnet, wenn sie von selbst, also nicht von außen erzwungen erfolgt (so wie beim Bau eines Hauses durch Menschen). Da es sich bei der Strukturemergenz nur um eine neue Anordnung bereits existierender Dinge handelt, bei der Entitätenemergenz jedoch um das Auftauchen völlig neuer Größen, soll der Begriff Emergenz im Folgenden vorwiegend bei der Entitätenemergenz verwendet werden und der Begriff der Selbstorganisation bei der Strukturemergenz. Da der Prozess der Selbstorganisation des Universums (von den Elementarteilchen nach dem Urknall bis zur UNO im 20. Jahrhundert) in einem eigenen Abschnitt (3.6) genauer besprochen wird, wird in diesem Abschnitt vorwiegend die Entitätenemergenz behandelt.

Mit dieser begrifflichen Differenzierung zwischen Emergenz (von neuen Entitäten) und Selbstorganisation soll nicht behauptet werden, dass diese beiden Arten in der Natur immer vollkommen voneinander getrennt vorkommen. Im Gegenteil, die Entstehung von neuen Organisationseinheiten durch Zusammenlagerung verschiedener Objekte oder die neuartige Konstellation von Komponenten innerhalb eines Systems kann gerade die Bedingung für das Auftauchen von neuen Entitäten sein. So muss die Hirnmaterie in einem bestimmten Zustand sein, damit Bewusstsein entsteht. Auf der anderen Seite können gerade neue

Entitäten Ursache für weitere Neustrukturierungen sein, so wie Entropie und Temperatur eines Systems (in Form von generalisierten Kräften) die weitere Entwicklungsrichtung des Systems und damit auch die der Komponenten des Systems bestimmen. Auch das Bewusstsein, das bei einer bestimmten Klasse von Hirnmateriestrukturen entsteht, steuert umgekehrt wiederum die Hirnmaterie und dadurch den gesamten Körper. Auf diese interessante Wechselbeziehung von Systemkomponenten und übergreifenden Systemeigenschaften wird im Abschnitt über Selbstorganisation noch einmal eingegangen. Hier soll nur soviel festgehalten werden, dass eine wissenschaftliche Erklärung der Emergenz in vielen Fällen verbunden sein dürfte mit einer Erklärung der Selbstorganisation und vice versa. Völlig neue Phänomene scheinen zumindest manchmal die Funktion zu haben, die Systemkomponenten zu steuern.[1]

In den vorhergehenden Abschnitten über den Äther und über die Naturgesetze ist erläutert worden, dass der Äther beobachtbare Phänomene wie Materie und Bewusstsein hervorbringt und dass das Verhalten dieser Entitäten durch Naturgesetze gesteuert wird. In diesem Abschnitt über Emergenz wurde bislang nur über das Hervorbringen der beobachtbaren Phänomene gesprochen und in diesem Zusammenhang soll deshalb noch erwähnt werden, dass in der Literatur manchmal auch von der Emergenz von Gesetzen gesprochen wird (s. Stöckler 1990). Es stellt sich nämlich die Frage, ob es im Äther beispielsweise Gesetze für das Bewusstsein schon gab, bevor in der Evolution Lebewesen mit Bewusstsein auftauchten, oder ob die Gesetze auch erst mit den emergierenden Phänomenen entstehen. Über diese Frage lässt sich aber zurzeit keine wissenschaftliche Aussage machen, meistens wird jedoch in der Physik angenommen, Naturgesetze seien ewig.

Dass es Emergenz gibt, kann kaum bestritten werden, ob man aber jemals das Auftauchen von neuen Entitäten erklären kann auf derartige Weise, dass man sogar vorhersagen kann, bei welchen Materie-

---

[1] Es mag deshalb auch Grenzfälle geben, bei denen man nicht genau unterscheiden kann, ob es sich um Strukturemergenz oder um Entitätenemergenz handelt.

konstellationen völlig neue und heute noch unbekannte Entitäten entstehen, ist fraglich. Auf die Erklärungsansätze zur Selbstorganisation wird in einem späteren Abschnitt genauer eingegangen, hier soll zur Strukturentstehung nur so viel erwähnt werden, dass es heute möglich ist, zum Beispiel die Schwingungen des Schwingkreises zu erklären (vgl. Vollmer 1995). Die Schwingungen lassen sich erklären einerseits auf der Ebene des Gesamtsystems anhand der Maxwellschen Elektrodynamik, andererseits lassen sich die Schwingungen auch erklären mittels unseres Wissens über die Teilsysteme des Schwingkreises und die Art ihrer Verschaltung. Verglichen mit der Strukturentstehung ist die Entstehung völlig neuer Entitäten wie der des Bewusstseins ein wesentlich komplizierteres Problem; man sollte aber vorsichtig damit sein, hier eine prinzipielle Erkenntnisgrenze der Wissenschaft zu behaupten. Es ist immer damit zu rechnen, dass in Zukunft wieder besonders geniale Wissenschaftler vom Schlage eines Newton, Maxwell oder Heisenberg auftreten werden, die plötzlich bahnbrechende Ideen publizieren.

Die ersten Ansätze zur Erklärung der Entstehung völlig neuer Entitäten gibt es vielleicht sogar schon (vgl. Primas 1983, 1984). In der Elementarteilchenphysik werden nämlich neue Teilchenarten eingeführt durch sogenannte Symmetriebrüche. Wie im Abschnitt über Naturgesetze erläutert wurde, gehen die Physiker vor der Konstruktion einer neuen Theorie davon aus, dass bestimmte Symmetrien vorliegen. Gelingt es ihnen aber zunächst nicht, eine Theorie mit diesen Symmetrien zu formulieren, so führen sie manchmal einfach ein neues Skalarfeld ein, welches eine neue Teilchenart darstellt, und auf diese Weise erreichen sie manchmal, dass die grundlegenden Naturgesetze zwar tatsächlich die gewünschten Symmetrien besitzen, dass dies aber auf der Ebene der beobachtbaren Phänomene durch die Einführung des neuen Teilchens nicht direkt sichtbar wird. Man spricht dann von einem spontanen Symmetriebruch (Genz & Decker 1991). Ist ein solches System in einem Zustand sehr hoher Energie, ist es also sehr heiß, dann ist sogar auch der beobachtbare Zustand symmetrisch, und erst im Zuge einer Abkühlung entstehen durch spontane Symmetriebrüche die neuen Teilchensorten, welche neue Kräfte bzw. Wechselwirkungen darstellen. Das Universum war direkt nach dem Urknall, so nimmt man heute an, in einem Zustand hoher Energie, und im Zuge der Abkühlung im Lauf der

Zeit sind dann vermutlich durch spontane Symmetriebrüche die einzelnen Wechselwirkungsarten (starke Wechselwirkung, Elektrizität etc.) entstanden, welche die nachfolgenden Strukturbildungen ermöglichten (Genz & Decker 1991; Jantsch 1992).

Als Verdeutlichung der spontanen Symmetriebrechung wird in der Literatur gern die spontan auftretende Magnetisierung von makroskopischen Eisenstücken beim Abkühlen angeführt (s. Genz & Decker 1991). Eisenstücke sind oberhalb der Curie-Temperatur von 768°C unmagnetisch, kühlt man sie aber immer mehr ab, so werden sie unterhalb der Curie-Temperatur plötzlich magnetisch. Dieses Phänomen lässt sich folgendermaßen erklären: Jedes Eisenatom ist ein kleiner Elementarmagnet, oberhalb der Curie-Temperatur bewirkt aber die Wärmebewegung, dass in jede Raumrichtung nahezu gleich viele Elementarmagnete zeigen; das Gesamtsystem ist deshalb im Mittel drehsymmetrisch und nach außen hin unmagnetisch. Nun ist aber der Zustand niedrigster Energie eines Systems von Elementarmagneten ein solcher, in dem sie alle in dieselbe Richtung zeigen. Deshalb besteht einerseits die Tendenz der Elementarmagnete, sich parallel anzuordnen, dem entgegen wirkt andererseits die Wärmebewegung. Ist nun die Temperatur niedrig genug, so werden makroskopisch gesehen mehr Elementarmagnete in eine gewisse Richtung zeigen als in jede andere; die vorhergehende Drehsymmetrie ist nicht mehr vorhanden und das Eisenstück ist insgesamt magnetisch. Bei der Curie-Temperatur geht somit die Drehsymmetrie plötzlich verloren; spontane Symmetriebrechung führt zur Magnetisierung. Dieses Beispiel von der Magnetisierung von Eisen illustriert aber nicht nur den Vorgang der Symmetriebrechung sehr gut, es verdeutlicht darüber hinaus zwei weitere Punkte. Zum Einen muss man sich fragen, ob Symmetriebrechung eine *Erklärung* der Entstehung von neuen Phänomenen ist oder ob es einfach nur eine andere *Beschreibungsweise* des Vorganges einer solchen Entstehung ist. Dass etwas nicht mehr symmetrisch ist, könnte einfach eine andere Ausdrucksweise dafür sein, dass etwas Neues entstanden ist. Damit Symmetriebrüche als Erklärung von Emergenz gelten können, wäre eine allgemeine Symmetriebruchtheorie nötig, die angibt, wann warum welche Brüche zu welchen Phänomenen führen. Zum Anderen handelt es sich beim Magnetisierungsbeispiel nur (oder auch) um eine epistemische

Emergenz. Damit ist gemeint, dass wir nur plötzlich erkennen, dass es so etwas wie Magnetisierung gibt, die einzelnen Atome sind aber auch oberhalb der Curie-Temperatur magnetisch. Das Phänomen Magnetismus an sich existiert bereits, und erst unterhalb einer bestimmten Temperatur nimmt das Gesamtsystem diese Eigenschaft an und wird von uns makroskopisch erkennbar. Bei der Erklärung von emergenten Eigenschaften muss man deshalb immer genau darauf achten, ob es sich um eine ontologische oder nur um eine erkenntnistheoretische Emergenz handelt und welches von beiden auf welcher Systemebene.

Ob die spontane Symmetriebrechung ein allgemein anwendbares Schema ist, neue Phänomene bzw. Entitäten zu erklären, soll hier nicht weiter besprochen werden. Erwähnt werden soll aber, dass es in der Physik weitere Forschungsgebiete gibt, bei denen man von der Emergenz neuer Entitäten sprechen kann. So ist es heute noch nicht gelungen, das metrische Feld der Allgemeinen Relativitätstheorie, die Raumzeit, mit der QM zu vereinen, und im Rahmen dieses Forschungsprojektes gibt es mehrere Ansätze, die Entstehung der Raumzeit aus einer tiefer liegenderen Struktur zu erklären, was im nächsten Kapitel erläutert wird.

Ob es jemals eine allgemeine Emergenztheorie geben wird, die uns sogar erlaubt vorherzusagen, bei welchen Materiekonstellationen bislang völlig unbekannte Entitäten entstehen, bleibt abzuwarten. Dass es aber zumindest in manchen Fällen gelungen ist, bereits vorher bekannte Entitäten im Nachhinein zu erklären, ist ermutigend. So ist die Thermodynamik ursprünglich eine rein phänomenologische Theorie gewesen, die Eigenschaften und Potenziale wie Temperatur und Entropie annahm, ohne erklären zu können, wie sich diese aus den Komponenten des Systems ergeben. Erst später gelang es dann der statistischen Thermodynamik, diese Eigenschaften unter Berücksichtigung der einzelnen Teilchen abzuleiten. Die Temperatur ist zum Beispiel eine Funktion der mittleren Teilchengeschwindigkeit und die Entropie eine Funktion der Anzahl von Konfigurationen (Mikrozuständen), die einen Makrozustand bilden können: $S = k \cdot \ln W$, mit S für die Entropie, k für die Boltzmann-Konstante und W für die Wahrscheinlichkeit des Zustandes.

Emergenz ist ein Phänomen, an dem allein schon ein rein atomistisches Weltbild scheitert. Wie soll zum Beispiel Bewusstsein entstehen, würde die Welt nur aus demokritschen Atomen bestehen? Vergleicht man hingegen die Welt mit einem Computer und hierbei die Raumzeit und die darin befindlichen Objekten mit dem Computerbildschirm und den darauf befindlichen Abbildungen, so ist durchaus vorstellbar, dass der Computer bei bestimmten Objektkonstellationen völlig neue Entitäten generiert, evtl. auch über Lautsprecher. Wie es aber in der Realität durch den Äther dazu kommt, wird sicherlich eine der interessantesten Forschungsfragen der Wissenschaft im vor uns liegenden Jahrhundert sein.

3.5 Raum, Zeit und das Universum

Mehrere Begriffe und Grundvorstellungen haben im 20. Jahrhundert eine dramatische Veränderung erlebt. Beispielsweise ist die Masse nicht mehr die »quantitas materiae«, sondern ein Maß für den Energiegehalt des Körpers ($m = E/c^2$); und mit zunehmender Geschwindigkeit unterliegen Objekte einer zunehmenden Längenkontraktion und Prozesse einer zunehmenden Zeitdilatation.

In einem Vortrag von 1908 sagte der Göttinger Mathematiker Minkowski den berühmten Satz: „Von Stund an sollen Raum für sich und Zeit für sich völlig zu Schatten herabsinken und nur noch eine Art Union der beiden soll Selbständigkeit bewahren" (Minkowski 1908: 54). In der Physik wird deshalb heutzutage von der Raumzeit gesprochen. Wie sehr Raum und Zeit innig miteinander verwoben sind, wird schon gut deutlich bei den Lorentz-Transformationen: Hat man ein sich gleichförmig bewegendes System S mit den Orts- und Zeitkoordinaten x und t und betrachtet man das System S (x, t) mit einer um v höheren Geschwindigkeit, nun bezeichnet als S' (x', t'), so errechnen sich die neuen Koordinaten nach den folgenden Transformationen (mit c für die Lichtgeschwindigkeit):

$$x' = \frac{x - v\,t}{\sqrt{1 - v^2/c^2}}\ , \quad t' = \frac{t - (v/c^2)\,x}{\sqrt{1 - v^2/c^2}}.$$

Hierbei ist bemerkenswert, dass die neue Ortskoordinate x' nicht nur von der ursprünglichen Ortskoordinate x und der Geschwindigkeit v abhängt, sondern auch von t. Und die neue Zeitkoordinate t' hängt nicht nur von der ursprünglichen Zeitkoordinate t und der Geschwindigkeit v ab, sondern auch von x. Die Phänomene der Längenkontraktion und Zeitdilatation bei zunehmender Geschwindigkeit:

$$l' = l\,\sqrt{1 - v^2/c^2}, \quad \Delta t' = \frac{\Delta t}{\sqrt{1 - v^2/c^2}}$$

(mit l für die Objektlänge in Bewegungsrichtung und Δt für die Dauer eines Prozesses) sind bereits höchst bemerkenswert, die Vereinigung von Raum und Zeit zur zusammengehörenden Raumzeit ist eine weitere Besonderheit, aber dass bei der mathematischen Behandlung der vierdimensionalen Raumzeit der Ausdruck $\sqrt{-1} = i$ eine wichtige Rolle spielt, symbolisiert geradezu, dass schon diese Theorie mit herkömmlichen physikalischen Vorstellungen nicht mehr zu vereinbaren ist: Die vierte Dimension des Minkowski-Raumes lautet: $i\,c\,t$.[1] Dass die Lichtgeschwindigkeit (im Vakuum bei Abwesenheit von Gravitation) konstant ist und es keine größere Geschwindigkeit geben kann, sind weitere Besonderheiten dieser als Relativitätstheorie bezeichneten Theorie.

Unsere Auffassungen von Raum und Zeit wurden außerdem stark verändert durch die heutige geometrische Gravitationstheorie (die sogenannte Allgemeine Relativitätstheorie, ART), welche Newtons Gravitationstheorie ersetzte. Die grundlegenden Gleichungen sind die

---

[1] Die Zeit scheint im mathematischen Sinn imaginär zu sein, $i\,t$ (nimmt somit gegenüber dem Raum doch eine besondere Stellung ein), und multipliziert mit einer Geschwindigkeit, der Lichtgeschwindigkeit c, ergibt $c\,i\,t$ eine Strecke, die vierte Raumdimension.

Feldgleichungen: $R_{\mu\nu} - \frac{1}{2}\, g_{\mu\nu} R = -\chi\, T_{\mu\nu}$. Kurz gesagt, stellt die linke Seite dieser Gleichungen die Raumzeit dar und die rechte Seite die Materie bzw. Energie. Nach dieser Theorie gibt es neben der Energie eine zweite Substanz, die Raumzeit, und die Energie eines Systems bestimmt die Struktur der Raumzeit, wohingegen die Struktur der Raumzeit die Bewegung der Objekte steuert, und Länge und Zeitdauer werden nun auch von der Gravitation beeinflusst. Dabei ist außerdem der Raum ein (Gravitations-) Feld, in dem auch Gravitationswellen auftreten, und die Lichtgeschwindigkeit bei Gravitation nicht mehr konstant.

Bemerkenswert ist, dass die Raumzeit eine nichteuklidische Geometrie besitzt, die man nur im Fall eines schwachen Gravitationsfeldes bzw. nur lokal annähernd als euklidisch betrachten kann. Der Unterschied zwischen euklidischen und nichteuklidischen Geometrien lässt sich gut verdeutlichen anhand des Dreiecks: Lichtstrahlen zwischen zwei Objekten sind die beste physikalische Approximation an unsere Vorstellung von einer geraden Verbindung und verbindet man drei sehr weit auseinander liegende Objekte mit Lichtstrahlen, so haben innerhalb der nichteuklidischen Geometrie die drei Winkel dieses Dreiecks eine Summe von ungleich 180°, nach der euklidischen Geometrie müsste sie aber genau 180° sein. Aus der Sicht der euklidischen Geometrie kann man das auch so ausdrücken, dass Lichtstrahlen auf gebogenen Linien verlaufen; man sagt dann, Masse bewirke eine Lichtablenkung.

Naturphilosophisch interessant ist ferner die mathematische Nichtlinearität der Feldgleichungen: Sie unterliegen keinem Superpositionsprinzip; das heißt, wenn man zwei Lösungen der Feldgleichungen kennt, kann man sie nicht addieren, um eine dritte zu erhalten (wie das in der QM der Fall ist). Das bedeutet, dass die Welt nicht (oder nur approximativ) aus einzelnen Bausteinen zusammengesetzt werden kann in dem Sinne, dass das Ganze lediglich die Summe aller Teile ist. Das Ganze hat Eigenschaften, die sich nicht direkt aus den Teilen ergeben. In der Gravitationstheorie kommt das dadurch zustande, dass das Gravitationsfeld (die Raumzeit) zwischen zwei Objekten Energie enthält, welche selbst wieder gravitierende Wirkung hat, die die Raumzeitstruktur beeinflusst.

Das interessanteste Anwendungsgebiet haben die Feldgleichungen in der Kosmologie gefunden. Unter Hinzunahme weiterer Postulate (Weylsches Postulat und kosmologisches Prinzip) lassen sich mit den Feldgleichungen Aussagen über die Struktur von Raum und Zeit des Universums machen. Allerdings sind wegen der Nichtlinearität die Lösungen der Feldgleichungen schwer überschaubar; hinzu kommt, dass sich kosmologische Theorien und Modelle schlecht experimentell testen lassen. Als die Standardlösungen der relativistischen Kosmologie bezeichnet man die Friedmann-Modelle. Die zwei herausragenden Modelle sind das oszillierende und das unendlich expandierende Modell. Beiden gemeinsam ist, dass das Universum aus einer Anfangssingularität, dem Urknall, entstanden ist. Seit dem Urknall dehnt sich das Universum aus und das Modell des expandierenden Universums nimmt an, dass diese Ausdehnung unendlich weitergehen wird. Das oszillierende Modell nimmt an, dass es in Zukunft zu einer Kontraktion kommen wird, die in einer Endsingularität enden wird, woraus ein neuer Urknall entstehen kann, so dass sich der ganze Prozess wiederholen kann.

Wie sehr sich der wissenschaftliche Zeitbegriff vom alltäglichen Verständnis der Zeit unterscheidet, wird gut deutlich, wenn man Rotationen betrachtet. Bei rotierenden schwarzen Löchern gibt es geschlossen zeitartige Kurven, so dass ein Beobachter auf diesen Weltlinien in die Vergangenheit reisen könnte, um dort sich selbst zu treffen! Theoretisch mögliche Zeitreisen sind aber vermutlich nicht durchführbar aus praktischen Gründen oder weil unser Universum nicht die dazu nötigen Randbedingungen erfüllt.

Während es in der QM den Bahnbegriff nicht gibt, ist Einsteins und Hilberts Gravitationstheorie in dieser Hinsicht eine klassische Theorie mit eindeutigen Ortswerten. Im Augenblick bemühen sich aber die Physiker darum, die ART mit der QM zu verbinden, was vermutlich zu einer erneuten Revision unserer Begriffe von Raum und Zeit führen wird. Die Raumzeit dient in der ART dazu, die Gravitation zu erklären, und eine Verbindung dieser raumzeitlichen Gravitationserklärung mit quantenmechanischen Vorstellungen ist trotz intensiver Bemühungen immer noch nicht gelungen. Für dieses Forschungsprojekt gibt es aber eine Reihe verschiedener Lösungsansätze (vgl. Ehlers & Börner 1996). Eine dieser Forschungsrichtungen ist, die raumzeitlichen Vorstellungen der ART zu ignorieren und die Gravitation vollständig im Sinne der QM bzw. QFT zu formulieren. Dies würde dazu führen, dass es analog zu den Photonen der Quantenelektrodynamik für die Gravitation Gravitonen gäbe. Es gäbe dann keine Raumzeit im substanziellen Sinne der ART und alles würde sich vollständig im mathematischen Konfigurationsraum der QM abspielen, dessen physikalische Deutung heute bereits ein umstrittenes Interpretationsproblem ist. Dieser Forschungsansatz war aber bislang trotz intensiver Bemühungen nicht erfolgreich, und eine andere Forschungsrichtung ist, die Raumzeitvorstellungen der ART beizubehalten, aber zusätzliche Dimensionen einzuführen. Statt vier könnte es zum Beispiel elf Dimensionen geben und die zusätzlichen Dimensionen wären aus irgendwelchen Gründen unbeobachtbar. In der empirisch kaum testbaren String-Theorie sind die zusätzlichen Dimensionen auf ganz kleinem mikrophysikalischen Gebiet aufgerollt und deshalb nicht direkt spürbar, und in einer Theorie von Burkhard Heim sind zwei oder sogar acht zusätzliche Dimensionen imaginär (Heim 1983, 1989; Dröscher, Heim 1996; Heim, Dröscher 1985). Wegen der Energie-Zeit-Unschärferelation wird auch vermutet, dass es in sehr kleinen Raumzeit-Gebieten zu Raumzeitfluktuationen kommen sollte, so dass die Raumzeit im mikrophysikalischen Gebiet eine Art Schaumstruktur hätte, dass also zum Beispiel Vergangenheit und Zukunft nicht mehr streng unterscheidbar wären.

Die beobachtbare Raumzeit könnte auch ein Emergenzphänomen von tiefer liegenderen Strukturen sein (vgl. Kanitscheider 1986, 1987): Penrose (1971, 1975) versuchte, geometrische Eigenschaften aus tiefer liegenderen Strukturen, sogenannten Twistoren, abzuleiten. Wheeler hatte einmal die Idee einer Prägeometrie, wonach geometrische Relationen aus logischen Begriffen abgeleitet werden sollten (Misner, Thorne & Wheeler 1973). Bohm und Hiley sprechen von einem Vor-Raum, aus dem heraus die Raumzeit und die Materie entstehen sollen; sie nehmen an, dass der quantenmechanische Konfigurationsraum eine implizite Ordnung darstellt, aus der heraus die explizite Ordnung der vierdimensionalen Raumzeit mit der Materie erschaffen wird (Bohm & Hiley 1993; Hiley 1991). Und Heim und Schmutzer (1996) nehmen an, dass unsere Raumzeit die Projektion aus einem höherdimensionalen Raum sei.

Viele Kosmologen vermuten, dass das Universum bzw. die Raumzeit beim Urknall aus einer Quantenfluktuation entstanden sei. Im Rahmen unserer Weltauffassung soll deshalb angenommen werden, dass unsere Raumzeit ebenso wie die Materie aus dem Vakuum erschaffen wurde. Die Entstehung der Raumzeit aus etwas Anderem ist natürlich schwer zu begreifen, und es mag Wissenschaftler geben, die dies für unmöglich halten. Deshalb soll hier erwähnt werden, dass es etwas Analoges gibt, das tagtäglich vorkommt; gemeint ist die Entstehung des Bewusstseins, wenn man aus dem Schlaf erwacht. Der Raum, wie wir ihn erleben, ist ja primär nichts Reales, sondern nur unsere psychische Repräsentation des äußeren Raumes. Unser visuelles Wahrnehmungsbewusstsein ist ein Muster von Farben, welche den phänomenalen Raum aufspannen, der den realen Raum intern darstellen soll. Es ist derzeit wissenschaftlich noch unklar, wie es durch das Gehirn zur Ausbildung des Bewusstseins und damit auch zur Ausbildung des phänomenalen Raumes kommt (vgl. Kap. 7.2), dass es aber diese Ausbildung des bewussten, phänomenalen Raumes aus einer zugrunde liegenden Struktur gibt, kann nicht bestritten werden. Analog könnte auch der physikalische Raum beim Urknall (bzw. theorienneutral ausgedrückt bei der Weltentstehung) aus einer tiefer liegenderen Struktur entstanden sein.[1] Eine anschauliche Analogie für die Entstehung eines Raumes ist auch der Aufbau der Grafik des Computer-Bildschirms durch den Rechner. Schaltet man seinen Rechner an, so bestimmt die Software des Rechners, dass der Bildschirm (welcher in unserer Analogie den Raum darstellt) erleuchtet und mit Abbildungen (Objekten) erfüllt wird. Und ebenso wie die zweidimensionalen Abbildungen auf dem Bildschirm Teil des dreidimensionalen Computers sind, könnte die vierdimensionale Raumzeit Teil einer höheren Dimensionalität sein.

---

[1] Das Gehirn ist ebenso wie der phänomenale Raum etwas Raumzeitliches. Analog könnte auch der physikalische Raum aus etwas entstanden sein, das selbst raumzeitlich, aber von anderer Art ist.

Ein paar definitorische Anmerkungen sollen hier noch kurz gemacht werden. Falls der Äther tatsächlich eine Art Vor-Raum sein oder falls es zusätzliche Dimensionen geben sollte, dann könnte man von verschiedenen Seinsbereichen der Wirklichkeit sprechen. Den beobachtbaren Bereich – der beobachtbare Raum, die Materie und unsere eigenen Bewusstseinszustände – kann man dann als die *Realität* und den unbeobachtbaren Äther als einen *transzendenten Wirklichkeitsbereich* definieren; der Äther und die Raumzeit mit den darin befindlichen Objekten machen zusammen die gesamte Wirklichkeit aus. Diese Aufteilung geht in der Physik auf Heisenberg (1990) zurück, der unsere beobachtbaren Makrokörper wie Bäume und Steine als real bezeichnete und den Potentia-Zustand der Quantenobjekte vor ihrer Aktualisierung als den umfassenderen Wirklichkeitsbereich verstand. Die quantenmechanische Zustandsfunktion eines Systems ist nämlich vor der Beobachtung im Zustand der Superposition von bis zu unendlich vielen Eigenfunktionen, wohingegen nach der Beobachtung im Idealfall genau eine Eigenfunktion vorliegt, die dem beobachteten Wert zugeordnet ist. Wie es zu diesem Übergang von der Superposition zu der einen Eigenfunktion physikalisch kommt und wie die mathematische Superposition physikalisch zu deuten ist, ist in der Physik noch umstritten. Werner Heisenberg war hier der Erste, der verschiedene ontologische Seinsbereiche unterschied, um die QM physikalisch deuten zu können. Den Superpositionszustand deutete er als eine ontologische Potenzialität im Sinne der aristotelischen Naturphilosophie; dieses Potenzielle war für Heisenberg etwas Wirkliches, das aber kein räumlicher Zustand sei, und im Messvorgang würde dieser potenzielle Objektzustand in die Aktualität der raumzeitlichen Materie übergehen.

Im Folgenden werden die Begriffe Realität und Wirklichkeit hauptsächlich im Sinne Heisenbergs verwendet. In der Physik wird jedoch der Begriff Realität zumeist in einem allgemeineren Sinn verwendet für all das, was wirklich existiert und nicht nur ein Gedankenobjekt ist; wenn im Folgenden dieser Sprachgebrauch der Physiker verwendet wird,

wird dies besonders hervorgehoben, soweit es sich nicht aus dem Zusammenhang ergibt.[1]

Um nun von unseren stark theoretischen Raumvorstellungen zu konkreten Ergebnissen der Astronomie zu kommen:[2] Das Universum ist knapp 14 Milliarden Jahre alt und in einem Urknall entstanden, wobei zusammen mit der Materie vermutlich auch Raum und Zeit entstanden sind, und die heutige kosmische Hintergrundstrahlung der Rest dieses Strahlungsblitzes ist. Aus dem schnell expandierenden Ursubstrat entwickelten sich, wie bereits erwähnt, durch eine Reihe von Symmetriebrüchen (Phasenübergängen) die Bausteine der Materie und die einzelnen Naturkräfte (Gravitation, schwache Wechselwirkung, Elektromagnetismus und Kernkraft).

Die Materie in unserer heutigen Form bildete sich heraus und formierte sich zu Abermilliarden Galaxien. Eine dieser Galaxien ist unsere Milchstraße, wissenschaftlich *Galaxis* genannt, die ca. 12 Milliarden Jahre alt ist und aus über hundert Milliarden Sternen besteht. Die ältesten Galaxien haben sich kurz nach dem Urknall gebildet und sind mehr als 10 Milliarden Lichtjahre entfernt. (Ein Lichtjahr ist die Strecke, für die das Licht ein Jahr benötigt. Das Licht benötigt ungefähr 8 Minuten, um von der Sonne zur Erde zu gelangen.) Typischerweise bilden mehrere Dutzende bis über 10.000 Galaxien Galaxienhaufen, auch unsere Milchstraße ist Mitglied eines Haufens, und insgesamt geben diese Galaxienhaufen dem Weltall eine waben- oder blasenartige Struktur. Da sich das gesamte Weltall ausdehnt, sogar beschleunigt, fliehen diese Galaxien mit riesiger Geschwindigkeit von uns weg. Überlagert wird diese Bewegung durch Radialbewegungen, weshalb sich der Andromeda-Nebel, unsere Nachbargalaxie, mit ca. 300 km/h auf uns zubewegt. Die meisten Galaxien, auch unsere Milchstraße, haben in ihrem Zentrum ein Schwarzes Loch; das ist eine so hohe Materieansammlung auf relativ

---

[1] In diesem allgemeinen Sinn habe ich den Begriff „Realität" in meinem Buch über die Quantenmechanik (2023a) verwendet.

[2] Das Folgende wurde hauptsächlich entnommen aus Keller (2019). Über die willkürliche Postulierung (post hoc) von dunkler Energie und dunkler Materie siehe das Buch von Bennett, Dohane, Schneider, Voit (2021).

kleinem Raum, dass noch nicht einmal Licht entweichen kann, weshalb wir es nicht direkt sehen können.

Unsere Milchstraße ist eine diskusförmige Scheibe von ca. 15.000 mal 100.000 Lichtjahren Ausdehnung, enthält über 100 Milliarden Sterne, die eine Spiralstruktur bilden, und weist wie alle Galaxien eine Rotation auf, die man jedoch bislang nicht erklären kann. Einer dieser Sterne ist unsere Sonne, welche zusammen mit Planeten und Monden unser Sonnensystem bildet. Unsere Sonne ist eine heiße Gaskugel, die ihre Energie hauptsächlich durch Fusion von Wasserstoffkernen zu Heliumkernen erhält. Mit zunehmender Entfernung wird die Sonne umkreist von den Planeten Merkur, Venus, Erde, Mars, Jupiter, Saturn, Uranus, Neptun und z. B. vom Zwergplaneten Pluto. Jupiter, Saturn, Uranus und Neptun sind riesige Gasplaneten (Wasserstoffplaneten). Der Durchmesser unseres Sonnensystems beträgt ca. 12 Lichtstunden. Zusätzlich zu weiteren Zwergplaneten gibt es ca. 50.000 Planetoiden mit einem Durchmesser von mehr als einem Kilometer. Die Erde wird umkreist von einem Mond, und bis 2016 wurden im gesamten Sonnensystem 177 Monde registriert (z. B. Jupiter mit 79 registrierten Monden und Saturn mit mindestens 62 Monden). Zusätzlich gibt es Kometen, eine Art schmutzige Schneebälle (Klumpen aus Eis mit Sand, Ruß u.ä.), die einen Kometenschweif bilden, wenn sie der Sonne zu nahe kommen. Darüber hinaus gibt es weitere interplanetare und interstellare Materie (z. B. Gas- und Staubpartikel), insbesondere um die Sonne herum.

Auch außerhalb unseres Sonnensystems konnten schon Planeten registriert werden, die sogenannten Exoplaneten. Bis Ende 2018 betrug die Zahl der nachgewiesenen Exoplaneten über 3800 in rund 2900 Sonnensystemen. Man nimmt an, dass die Zahl der Exoplaneten die Anzahl der Sterne in der Galaxis bei weitem übertrifft, was die Hoffnung auf Planeten mit Lebewesen sehr erhöht. Mit dem Kepler-Teleskop fand man bereits Exoplaneten, die an Masse, Größe und Abstand von ihrem Mutterstern unserer Erde ähnlich sind. In der interstellaren Materie hat man auch mehrere Arten organischer Moleküle wie Ethanol, Ameisensäure und Blausäure gefunden, in Meteoriten sogar Aminosäuren (welche Bausteine der Proteine sind).

Sterne bewegen sich mit etlichen Kilometern pro Sekunde durchs Weltall und es gibt Sterne mit bis zu tausendfachem Sonnendurchmesser. Unsere Sonne ist über fünf Milliarden Jahre alt, und Sterne entstehen durch gravitative Kontraktion von interstellaren Wolken. Die meisten derartiger Wolken haben einige tausend Sonnenmassen. Wenn ein Protostern weniger als 0,085 Sonnenmassen hat, so kommt es nicht zur Kernfusion; mit mehr als 0,013 Sonnenmassen werden sie zu sogenannten Braunen Zwergen, sind also keine Planeten.

Sterne können zu Doppelstern- oder Mehrfachsystemen miteinander verbunden sein und bei sehr engen Doppelsternen kommt es gelegentlich zum Massenaustausch. Mehr als die Hälfte aller Sterne scheinen in solchen Doppel- oder Mehrfachsystemen gebunden zu sein. Darüber hinaus gibt es viele weitere Besonderheiten von Sternen, wobei hier nur noch die veränderlichen Sterne erwähnt werden sollen. Bei den physisch Veränderlichen unterscheidet man diejenigen, die sich rhythmisch aufblähen und wieder schrumpfen, von denjenigen mit plötzlichen Lichtausbrüchen wie Novae, Supernovae u.ä. Eine Nova und eine Supernova sind Lichtausbrüche innerhalb weniger Stunden, sodass ein Einzelstern kurzfristig so hell wie eine ganze Galaxie werden kann. Das Licht einer Supernova kann um einen Faktor 10.000 und mehr heller sein als das einer Nova. Eine Supernova bedeutet das Ende eines Sternes; der betroffene Stern beendet sein Dasein in einer gewaltigen Explosion. Innerhalb nur einer Woche kann so viel Energie abgestrahlt werden wie unsere Sonne in rund hundert Millionen Jahren.

Bei der weiteren Entwicklung der Sterne, in ihrer Endphase, wenn die Wasserstoffbrennschale nach außen wandert und sich ein Heliumkern bildet, welcher kontrahiert, bläht sich der Stern auf, die Oberflächentemperatur sinkt und er wird zu einem Roten Riesen. Seine Größe (z. B. zukünftig unsere Sonne) kann auf über 100-fache Sonnendurchmesser anwachsen und die Leuchtkraft kann auf 10.000-fache Sonnenleuchtkraft ansteigen; der Stern wird dann zum Roten Überriesen. Bei sehr massereichen Sternen gehen die Fusionsprozesse weiter, bis sich schließlich ein Eisenkern im Zentrum entwickelt; Eisen ist die letzte Stufe der Entwicklung. Nach Beendigung der Kernfusionsprozesse kollabiert der Stern, wobei die Materie enorm komprimiert wird. Je nach

Masse wird er ein Weißer Zwerg, ein Neutronenstern oder ein Kollapsar. Weiße Zwerge leuchten aufgrund ihrer thermischen Energie; sie kühlen aus, verfärben sich, werden gelb, orange, rot und enden schließlich als unsichtbarer Schwarzer Stern. Bei einem Neutronenstern werden die Elektronen in die Atomkerne hineingezogen und sind sozusagen überdimensionale Atomkerne von typischerweise zehn bis dreißig Kilometer Durchmesser. Neutronensterne rotieren sehr schnell und können regelmäßig Blitze (Radioimpulse) aussenden, weshalb man sie Pulsare nennt.

Wenn die Masse eines Neutronensterns 3,2 Sonnenmassen übersteigt, bricht das Objekt schließlich vollständig in sich zusammen. Es kommt zum Gravitationskollaps und bei über 3,5 Sonnenmassen mit ihrem riesigen Gravitationsfeld können selbst Photonen nicht mehr entweichen, weshalb sie als Schwarze Löcher bezeichnet werden. Jedoch geben selbst Schwarze Löcher aufgrund quantenmechanischer Gesetzmäßigkeiten ein wenig Strahlungsenergie ab, die sogenannte Hawking-Strahlung.

Nach der heutigen geometrischen Gravitationstheorie gehen Uhren umso langsamer, je stärker das Gravitationsfeld ist, weshalb am Ereignishorizont eines nicht rotierenden Schwarzen Loches keine Zeit mehr vergeht. Unsere heutige Gravitationstheorie kann jedoch Galaxienrotationen und die beschleunigte Ausdehnung des Universums nicht erklären. Für beschleunigte Bewegungen benötigt man eine Kraft, die jedoch für die Abstoßung keine gravitative *Anziehungskraft* sein kann. Nach einer zukünftigen Entdeckung einer neuen Gravitationstheorie wird man wohl viele astronomische Phänomene neu überdenken müssen; etwa die Frage, ob sich das Weltall ewig ausdehnen wird, wie man derzeit annimmt, oder ob es zu einer Kontraktion bis zu einer Endsingularität kommen könnte.

3.6 Selbstorganisation und Evolution

Unmittelbar nach dem Urknall bestand das Universum aus einer fast homogenen oder chaotischen Elementarteilchenansammlung in einem extrem heißen Zustand. Im Zuge der Abkühlung entstanden daraus Atome, Moleküle, riesige Makroobjekte, organische Substanzen wie Zellen, Zellkomplexe und Organismen und schließlich Gesellschaften und Gesellschaftssysteme wie die Europäische Union und der westliche Kulturkreis. Wie konnte es dazu kommen? Aus unserem Alltag wissen wir, dass neue und komplexe Strukturen in der Regel nur entstehen, wenn ein intelligentes Wesen sie erbaut. Häuser entstehen nicht von allein, sondern werden von Menschen planmäßig erschaffen. Ohne den Eingriff eines intelligenten Lebewesens zerfallen in der Regel hochstrukturierte Objekte und entstehen nicht. Ein großer Ausnahmebereich sind die Lebewesen selbst. Schöne und hochstrukturierte Pflanzen entstehen aus einem Samen, der scheinbar völlig einfach ist. Wie wir aber aus der Biologie wissen, enthält der Samen eine Erbsubstanz, die DNS, welche hochstrukturiert ist und die Ausbildung der Pflanze steuert. Nach dem Urknall hat es aber in der Elementarteilchenansammlung keine DNS gegeben, welche die Entstehung komplexer Strukturen steuern konnte. Wie konnten sich trotzdem Lebewesen und alle anderen komplexen Objekte herausbilden? Dieser Prozess der Entstehung von komplexen Strukturen ohne äußeren Eingriff wird als Selbstorganisation der Materie bezeichnet. Wirklich von selbst erreicht das die Materie natürlich nicht, denn das Verhalten der Materie wird gesteuert von den Naturgesetzen. Inwieweit die Naturgesetze im Urknall zusammen mit der Materie entstanden sind und inwieweit es auch eine Evolution der Naturgesetze gegeben hat, ist in der Wissenschaft zurzeit noch reine Spekulation. Wie hat sich aber die Materie mit Hilfe der Naturgesetze strukturiert?

Die Elementarteilchenphysiker nehmen an, dass die verschiedenen physikalischen Kräfte (starke und schwache Kraft, Gravitation und Elektromagnetismus) nur die verschiedenen Seiten ein und derselben Kraft sind, dass sie deshalb bei sehr hohen Temperaturen nicht zu unterscheiden sind, dass es aber im Zuge der Abkühlung durch Symmetriebrüche zu diesen verschiedenen Erscheinungsformen gekommen ist. Nach dem

Urknall entstanden auf diese Weise während der Abkühlung diese Grundkräfte, welche dann an der Herausbildung von strukturierten Objekten beteiligt waren.

Die grundlegendste physikalische Theorie, mit der das Verhalten von Vielteilchensystemen erklärt werden soll, ist die Thermodynamik (TD) und nach dieser Theorie wird die Entwicklung von Systemen, die aus sehr vielen Elementen bestehen, durch die Entropie bestimmt. Der zweite Hauptsatz der TD besagt, dass sich geschlossene Systeme (d.h. Systeme, die keinen Energieaustausch mit der Umwelt haben) mit der Zeit so entwickeln, dass die Entropie nicht abnimmt; im Zustand des Gleichgewichts bleibt die Entropie konstant, ansonsten nimmt sie zu. In der Regel ist die Zunahme der Entropie mit einem Strukturverfall verbunden, weshalb der zweite Hauptsatz der TD früher oft so dargestellt wurde, als würde er den Verfall von Strukturen im Lauf der Zeit behaupten. Dies stände dann allerdings im krassen Gegensatz zur Gesamtentwicklung des Universums, welches insgesamt betrachtet ein geschlossenes System ist (es ist lediglich zum Vakuum hin offen) und welches im Lauf der Evolution hochkomplexe Strukturen hervorbrachte. Wie aber inzwischen gezeigt werden konnte, steht die Ausbildung von Strukturen, die Entstehung von Ordnung, nicht unbedingt im Widerspruch zur TD. Die Entstehung und der Zerfall von Ordnung hängen nämlich auch von der Temperatur und der Bindungsenergie ab. Ist die Temperatur hoch, so reichen die Bindungskräfte nicht aus, um eine Struktur zu erhalten. Umgekehrt können bei tiefer Temperatur und dem Vorhandensein von Bindungskräften selbst bei Annäherung an den Gleichgewichtszustand Strukturen entstehen (von Weizsäcker 1974). So bilden sich bei hinreichend niedriger Temperatur Kristalle, welche gegenüber dem Flüssigkeitszustand eine höhere Entropie und eine höhere Strukturiertheit haben. Ein anderes Beispiel sind Schneeflocken. Auch die frühe kosmologische Entwicklung lässt sich im Rahmen dieses Kondensationsmodells der Entstehung von Strukturen verstehen. Danach kam es bei einer Temperatur von etwa 10 bis 100 Grad Kelvin infolge der Gravitationswirkung zum Auskondensieren von protostellaren Wolken, aus denen dann die Sterne entstanden (Jantsch 1992). Auf diese Weise wurde das Universum zunehmend inhomogen, so dass lokal Ungleichgewichtszustände existieren.

Die Thermodynamik von Zuständen, welche weit entfernt vom Gleichgewichtszustand sind, wurde vor allem von Ilya Prigogine und seinen Mitarbeitern untersucht (Glansdorff & Prigogine 1971). Diese Theorie behandelt offene Systeme, d.h. Systeme, die einen Energie- und Entropieaustausch mit der Umwelt haben, und Prigogine konnte zeigen, dass bei der Vernichtung und bei der Entstehung von Strukturen dasselbe Gesetz gültig ist, welches aber nah und fern vom thermodynamischen Gleichgewicht unterschiedliche Konsequenzen hat. Während es in der Nähe des Gleichgewichts meist zur Zerstörung von Strukturen kommt, können sich weit entfernt vom Gleichgewicht Strukturen ausbilden. Zwar kann es in geschlossenen Systemen nicht zu einer Abnahme der Entropie kommen, in offenen Systemen können aber Strukturen entstehen durch Entropieabnahme, indem nämlich Entropie in die Umwelt transportiert wird. Ein Paradebeispiel für eine derartige dissipative Struktur ist die Belousov-Zhabotinsky-Reaktion während der Oxidation von Malonsäure durch Bromat in einer Schwefelsäurelösung und in Gegenwart von Cerium- (oder auch Eisen- und Mangan-) Ionen (Jantsch 1992). Bei einer bestimmten Zusammensetzung des Gemisches lassen sich über viele Stunden hinweg konzentrische oder spiralförmige Wellen mit regelmäßigen Pulsationen beobachten (Abb. 8).

Neben der soeben erwähnten Theorie der nichtlinearen irreversiblen TD gibt es weitere Ansätze zur Erklärung der Selbstorganisation; allen gemeinsam ist, dass ihre mathematischen Grundgleichungen von nichtlinearer Natur sind. Diese verschiedenen Ansätze sind teilweise gegenseitig konkurrierende Erklärungsversuche, teilweise sind manche Theorien nur für spezielle Forschungsfragen entwickelt worden, zum Beispiel für die Entstehung von Leben.

Ein zurzeit viel diskutierter allgemeiner Ansatz zur Erklärung der Selbstorganisation ist die Synergetik von Hermann Haken (1982). Hervorgegangen ist dieses Paradigma aus Hakens theoretischen Untersuchungen zum Laser. Ein Laser besteht aus sehr vielen Atomen, die alle Licht mit derselben Wellenlänge ausstrahlen. Zu dieser Kohärenz aller Wellenlängen kommt es, indem die emittierte Wellenlänge eines Atoms die Kontrolle über das gesamte System bekommt und alle anderen

Atome dazu veranlasst, mit der gleichen Wellenlänge auszustrahlen (Abb. 9).

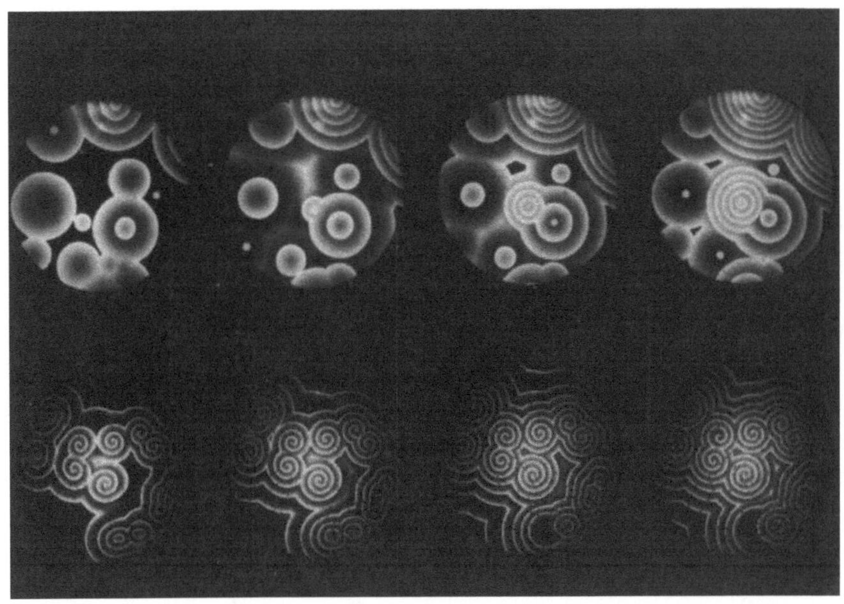

Abb. 8: Beispiel einer dissipativen Struktur in der Chemie: Bei der Belousov-Zhabotinsky-Reaktion wird Malonsäure durch Kaliumbromat in Gegenwart von Cerium-Ionen oxidiert. Wird die Reaktion in einer flachen Schale ausgeführt, so bilden sich spiralförmige Wellen aus (aus Jantsch 1992: 62; von Winfree 1978).

Die Grundgedanken der Synergetik lassen sich gut erläutern anhand des Phänomens der sogenannten Bénard-Instabilität (Haken & Wunderlin 1991). Hierfür stelle man sich eine große und von unten erhitzte Flüssigkeitsschicht vor (Abb. 10). Durch die Erhitzung von unten dehnen sich die Flüssigkeitsvolumina an der Unterseite aus, die Flüssigkeit wird spezifisch leichter und möchte nach oben steigen, von oben her drückt aber die schwere Flüssigkeit nach unten. Deshalb wird bei einer geringen Temperaturdifferenz zwischen der oberen und der unteren Flüssigkeitsoberfläche die Wärme nur durch Konduktion nach oben weitergeleitet, wobei die Moleküle beim Zusammenprall mit ihren

Nachbarn die Wärmeenergie weitergeben, ohne sich selbst zu sehr von ihrem Platz zu bewegen. Ab einer bestimmten Temperaturdifferenz zwischen oben und unten setzt jedoch Konvektion ein; das heißt, ein Wärmetransport durch die Bewegung der Moleküle. Es kommt dann zu typischen Rollenbewegungen von unten nach oben und umgekehrt, die von oben betrachtet regelmäßige hexagonale Zellen bilden (Abb. 10).

Hakens Synergetik erklärt die Entstehung der hexagonalen Zellen mit den rollenförmigen Flüssigkeitsbewegungen folgendermaßen. Ausschlaggebend für den Umschlag eines makroskopischen Zustandes in einen anderen ist ein sogenannter Kontrollparameter. Bei unserem Beispiel ist dies die Temperaturdifferenz zwischen oben und unten, hervorgerufen durch die Erhitzung von unten, also von außerhalb des Systems. Wird der Kontrollparameter kontinuierlich verändert, so kommt es bei einem bestimmten Wert, dem sogenannten kritischen Punkt, zur Entstehung einer neuen physikalischen Größe, dem sogenannten Ordnungsparameter. Ein derartiger Ordnungsparameter kann die Magnetisierung eines Eisenstabes sein (vgl. im Abschnitt über Emergenz das Beispiel von der Magnetisierung von Eisen) oder die Dichtedifferenz in einem Flüssigkeit-Gas-System oder irgendeine andere plötzlich auftauchende Systemeigenschaft. In unserem Flüssigkeitsbeispiel ist dieser Ordnungsparameter die Amplitude der Flüssigkeitsbewegung. Aufgabe des Ordnungsparameters ist es nun, die Subsysteme zu versklaven; das heißt, der Ordnungsparameter bestimmt das weitere Verhalten der Systemkomponenten. Im Beispiel der Bénard-Instabilität bedeutet dies, dass die Amplitude der gesamten Flüssigkeitsbewegung die Bewegungsrichtung der einzelnen Moleküle steuert. In einer allgemeineren Form drückt es Haken auch so aus, dass die Komponenten des Systems ein Feld hervorbringen, welches umgekehrt das weitere Verhalten der Komponenten steuert (Abb. 9). Dass es an einem kritischen Punkt auf makroskopischer Ebene plötzlich zu einer neuen Gesamtstruktur kommt, wird als Instabilität bezeichnet, und dieser ganze Vorgang lässt sich durch nicht-lineare mathematische Gleichungen beschreiben, die jeweils systemspezifisch verschieden aussehen und deren mathematische Behandlung Haken eingehend erörtert. Auf einer eher qualitativen Ebene ist dies bereits in der Thermodynamik ähnlich: Die Systemkomponenten bringen Felder wie Temperatur und Entropie hervor

(= Ordnungsparameter), welche das weitere Verhalten der Systemkomponenten in Form von generalisierten Kräften beeinflussen. Dieses Beispiel und die Synergetik verdeutlichen auch noch einmal die Rolle der Entitätenemergenz (Entstehung der Ordnungsparameter) bei der Selbststrukturierung von Systemen, wie es bereits im Abschnitt über Emergenz angedeutet worden ist.

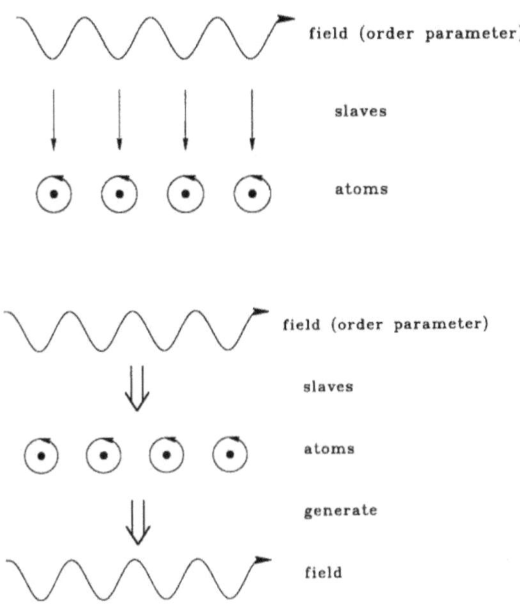

Abb. 9: Oben: Illustration des Versklavungs-Prinzips (Makrokausalität). In einem Laser wirkt das Feld als Ordnungsparameter und bestimmt die Bewegung der Elektronen in den Atomen. Unten: Illustration der scheinbar zirkulären Kausalität. Die Atome bringen ein Feld hervor, das deren Bewegung versklavt (aus Haken 1988: 25).

Zusätzlich zu den Theorien von Prigogine und Haken gibt es weitere Ansätze, die Selbststrukturierung der Materie zu erklären, oftmals geht es dabei aber nur darum, ein Spezialproblem zu lösen. So entwickelte beispielsweise Manfred Eigen seine Hyperzyklen-Theorie zur Erklärung der Entstehung der biologischen Information, der Gene, als Ursprung des Lebens (Eigen 1971). Eigen kommt dabei zu dem Resultat, dass in der präbiotischen Ära neben dem darwinistischen Selektionsprinzip die Kooperation ein sehr wichtiger Evolutionsfaktor war. Erst das Wechselspiel von Kooperation und Konkurrenz der Moleküle ermöglichte die Entstehung der genetischen Erbinformation, worauf in Abschnitt 7.3 noch einmal eingegangen wird.

Selbstorganisation ist ein wichtiger Bestandteil der Evolution des gesamten Universums; sie ist die Evolution von Systemen zu übergeordneten Systemen und diese wiederum zu über-übergeordneten Systemen usw. Aber innerhalb jeder Systemstufe gibt es ebenfalls eine ständige Veränderung: Das Universum dehnt sich kontinuierlich aus, Sterne und Planeten verändern sich permanent, ebenso unsere Erdatmosphäre, und man unterscheidet eine chemische, eine biologische und eine kulturelle Evolution. Besonders interessant ist die biologische Evolution der Arten, insbesondere die Entstehung des Menschen aus primatenartigen Vorfahren. Nach der heute dominierenden neodarwinistischen und sogenannten synthetischen Evolutionstheorie entwickeln sich Arten und entstehen neue durch eine Vielzahl zusammenarbeitender Faktoren: Durch die beständige geringfügige und zufällige Variation des Erbgutes (*Mutationen*) entstehen in der Fortpflanzung Individuen mit verschiedenen körperlichen und verhaltensbezogenen Eigenschaften (dem Phänotypen), und im Kampf ums Dasein bewirkt die *natürliche Auslese*, dass die besser angepassten Tiere mehr Nachkommen haben und die weniger an ihre Umwelt angepassten Tiere verdrängen. Weitere wichtige Evolutionsfaktoren sind die *Isolation* (durch die räumliche Trennung von Tieren und Pflanzen gleicher Art wird die Fortpflanzungsgemeinschaft aufgehoben), *Rekombination* (Chromosomenneuverteilung bei der Meiose, durch Crossing-Over oder bei der Paarung), *Gendrift* (Veränderungen der Genhäufigkeit, insbesondere in kleinen Populationen, aufgrund stochastischer Schwankungen), *Populationswellen* (die Individuenzahl einer Population und ihre Schwankungen beeinflussen das Tempo der Evolution) und *ökologische Nischen* (Ausnutzung spezieller Existenzbedingungen wie Wohnraum oder Nahrung). Die biologische Evolutionstheorie besteht somit aus zwei Teilen: Sie behauptet einerseits die ständige Veränderung der Arten und die daraus resultierende Entstehung neuer Arten und somit auch die Entstehung des Menschen aus einer vorangegangenen Primatenart (dieser Teil der Theorie geht hauptsächlich auf de Lamarck zurück), und sie versucht andererseits, diesen Entwicklungsprozess durch eine Reihe von Faktoren zu *erklären*. Der erste Teil dieser Theorie wird heute in der Wissenschaft nicht mehr bestritten; der zweite, der erklärende Teil kann jedoch noch nicht als abgeschlossen betrachtet werden, was in einem späteren Kapitel erläutert wird. Im Gegensatz zur synthetischen Theorie bestreitet zum Beispiel der Evolutionsgenetiker Motoo Kimura (1988) die zentrale Bedeutung des Selektionsfaktors, denn er nimmt an, dass neue Arten vor allem durch Gendrift entstehen, und der Paläontologe und Geologe Gould (2002) nimmt an, dass die Evolution vielfach auch abrupt, mit größeren Schubphasen und nicht nur graduell verläuft (über weitere Kritiken und alternative Evolutionstheorien siehe Krohs, Toepfer 2005).

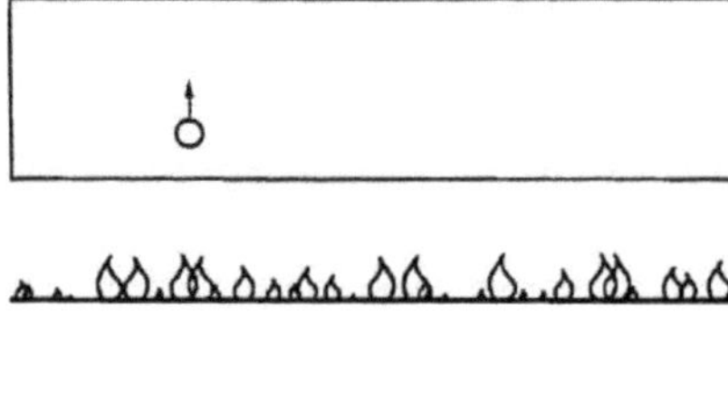

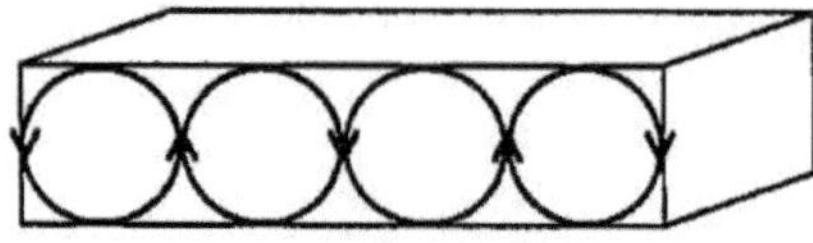

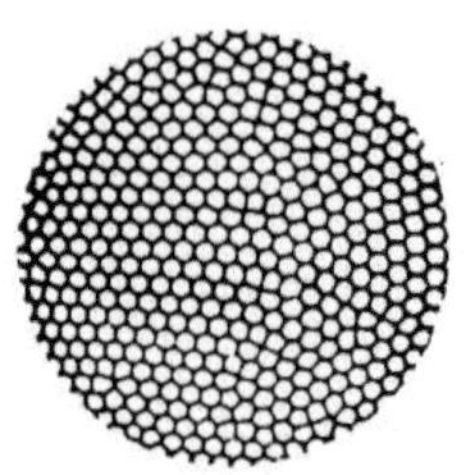

Abb. 10: *Bénard-Instabilität. Oben: In einer von unten erhitzten Flüssigkeit steigen an zunächst statistisch verteilten Stellen Flüssigkeitströpfchen auf, die aber gebremst werden und ihre Wärme an die Umgebung abgeben, sodass schließlich keine makroskopische Bewegung zustande kommt (aus Haken & Wunderlin 1991: 32). Mitte: Die von unten erhitzte Flüssigkeit führt bei größeren Temperaturdifferenzen zu makroskopischen Bewegungsformen (ebd. S. 33). Unten: Hexagonale Zellen durch Rollenbewegungen einer von unten erwärmten Flüssigkeitsschicht, von oben betrachtet (aus Jantsch 1992: 53).*

3.7 Einheit, Ganzheit und Systeme

Unter Einheit versteht man das Zusammengehören mehrerer (scheinbar) getrennter Objekte. Ein ähnlicher Begriff ist die Ganzheitlichkeit, wodurch man ausdrücken will, dass scheinbar voneinander getrennte Objekte auf einer tieferen Ebene voneinander abhängen. Es gibt viele Philosophen, Soziologen und Politiker, die die Meinung äußern, dass eine Gesellschaft bzw. ein Volk eine zusammengehörende Einheit sei und dass die einzelnen Mitglieder dieser Gemeinschaft für das Wohl und den Zusammenhalt dieser Gemeinschaft beizutragen und unter Umständen persönliche Opfer zu erbringen haben. Demgegenüber betonen die Individualisten, dass eine Gesellschaft nichts anderes sei als die Ansammlung von Einzelpersonen, so dass man sich nur um das Wohl aller einzelnen Personen zu kümmern habe, um die gesamte Gesellschaft zu erhalten. Von den Vertretern der letzteren Auffassung wird manchmal etwas polemisch darauf verwiesen, dass die einzelnen Menschen voneinander getrennte Wesen seien, die nicht auf irgendeine dubiose, gar mystische Weise miteinander zu einer Gesamtheit verknüpft seien. Diese Verknüpfung mehrerer Personen zu einer behaupteten ontologischen Einheit ist tatsächlich schwer zu begreifen, dasselbe Problem stellt sich aber bereits bei der Einheit des menschlichen Körpers. Ein Körper besteht aus einer Vielzahl verschiedener Moleküle, und mit welchem Recht kann jeder Leser von sich selbst behaupten, er sei eine ganze Person, die sich lediglich aus austauschbaren Teilchen zusammensetze? Die einzelnen Moleküle wissen ebenso wenig, dass sie Teile eines Körpers sind, wie viele Individualisten es nicht erkennen können, dass sie Teile einer besonderen ontologischen Einheit, einer sozialen Gemeinschaft sind.[1] So wie die einzelnen Menschen scheinbar vollständig voneinander getrennte Wesen sind, so besteht auch zwischen den Elementarteilchen nach klassisch-physikalischer Auffassung eine völlige Leere, die die einzelnen Teilchen voneinander trennt. Wären aber die Elementarteilchen tatsächlich völlig voneinander getrennte

---

[1] Mit dieser Kritik am philosophischen Individualismus ist nicht gemeint, dass die Menschen zu einer Einheitsware werden sollen; selbstbewusste und originäre Persönlichkeiten sind für die Erhaltung und Fortentwicklung jeder Gesellschaft geradezu notwendig.

Objekte, wie könnte man dann erklären, dass alle Moleküle eines Körpers so gut zusammenarbeiten, so dass wir den gesamten Körper steuern können, das zu tun, was wir wollen? Die einzelnen Teile werden
durch physikalische Kräfte zusammengehalten, aber was sind Kräfte?
Wären Kräfte wieder nur voneinander getrennte Teilchen (Photonen,
Gravitonen etc.), dann würde sich sofort wieder die Frage nach dem
Zusammenhalt stellen. Wie kommt es, dass ein Atom, bestehend aus
Protonen, Elektronen etc., nicht zerfällt und eine stabile Einheit bildet?

Dass verschiedene Objekte als Zusammenlagerungen stabile Einheiten
bilden können, ist auf physikalischer Ebene unbestritten. Über diese
empirischen Fakten hinausgehend hat es im 20. Jahrhundert und gerade
auch in den letzten Jahren in der Physik theoretische Fortschritte gegeben, die es nahe legen, dass die Natur auf einer sehr grundlegenden
Weise eine Ganzheitlichkeit besitzt, wodurch auch die Bildung von zusammengehörenden Einheiten von scheinbar getrennten Objekten erklärbar wird. Diese Entdeckung der Ganzheitlichkeit von scheinbar getrennten Objekten hat sich aus dem Bemühen ergeben, den mathematischen Formalismus der QM physikalisch zu verstehen. Den ersten Anstoß dazu hatte Albert Einstein gegeben, der sich immer wieder bemühte, auf physikalisch unbefriedigende Aspekte der QM hinzuweisen.

1935 veröffentlichte Einstein zusammen mit Podolsky und Rosen
(EPR) eine Arbeit, mit der sie zeigen wollten, dass die QM unvollständig sei; d.h. dass es physikalische Objekte gebe, die nicht von der QM
behandelt würden. Für die Vollständigkeit einer Theorie gaben sie folgende notwendige Bedingung an: *„jedes Element der physikalischen
Realität muss seine Entsprechung in der physikalischen Theorie haben"* (Einstein, Podolsky, Rosen 1986: 81).[1] Als hinreichendes Kriterium für Realität formulierten sie: *„Wenn wir, ohne auf irgendeine
Weise ein System zu stören, den Wert einer physikalischen Größe mit
Sicherheit (d.h. mit der Wahrscheinlichkeit gleich eins) vorhersagen*

---

[1] Anders als ich ihn in Abschnitt 3.5 definiere, wird hier von den Physikern der
Realismusbegriff in einem allgemeinen Sinne verwendet für etwas, das wirklich
existiert und nicht nur in unserer Phantasie vorkommt.

können, dann gibt es ein Element der physikalischen Realität, das dieser physikalischen Größe entspricht." Ihr Unvollständigkeitsargument, das sogenannte EPR-Paradox, behandelt zwei Systeme S_1 und S_2 (z. B. zwei Protonen), die für kurze Zeit miteinander wechselwirken und sich danach voneinander weg bewegen. Das zusammengesetzte System wird durch das Produkt der Einzelzustände beschrieben und die Schrödinger-Gleichung erlaubt es, die Entwicklung des kombinierten Systems zu berechnen. Man kann den Zustand eines Teilsystems S_1 oder S_2 nach der Wechselwirkung nicht exakt voraussagen, aber auch wenn sich die Teilsysteme beliebig weit voneinander entfernen, bleibt sowohl die Differenz ihrer Positionen $x_1 - x_2$ als auch die Summe ihrer Impulse $p_1 + p_2$ konstant. Will man etwas über den Zustand eines Teilsystems erfahren, so muss man eine Messung durchführen. Misst man an S_1 den Ort x_1, dann kann man, da die Differenz der beiden Ortspositionen bekannt ist, den Ort x_2 mit Sicherheit voraussagen, ohne dabei S_2 zu stören (nach der Meinung der drei Autoren, denn die beiden Teilsysteme können nach beliebig langer Zeit beliebig weit voneinander entfernt sein). Nach dem Realitätskriterium muss also der Ort x eine Realität besitzen. Würde man jedoch an S_1 statt einer Ortsmessung eine Impulsmessung mit dem Ergebnis p_1 durchführen, so könnte man, da die Summe der beiden Impulse bekannt ist, den Impuls p_2 mit Sicherheit voraussagen, ohne dabei (nach der Meinung der drei Autoren) S_2 zu stören. Nach dem Realitätskriterium muss also der Impuls p eine Realität besitzen. Da es im Belieben des Experimentators steht, den Ort oder den Impuls von S_1 zu messen und durch die Messung an S_1 das System S_2 nicht beeinflusst werden könne, muss nach dem Realitätskriterium S_2 gleichzeitig sowohl einen realen Ort als auch einen realen Impuls haben. Aber bekanntlich gibt es in der QM keine Zustandsfunktion, aus der gleichzeitig Ort und Impuls, hier des Systems S_2, berechnet werden kann. Also – so lautet der Schluss von Einstein, Podolsky und Rosen – ist die QM eine unvollständige Theorie.

In seiner Kritik verwies Bohr darauf, dass dieser Unvollständigkeitsbeweis auf einer Annahme beruht, die nicht erfüllt sei. Es wird im EPR-Argument angenommen, dass die Ausführung einer Messung am System S_1 den Zustand des von S_1 unter Umständen weit entfernten Systems S_2 nicht beeinflusse. Nach Bohr besitzen jedoch Quantenobjekte (bzw. Quantenphänomene) einen Ganzheitszug in dem Sinne, dass die gesamte Versuchsanordnung das Objekt definiere. Quantenobjekte würden nur zusammen mit ihren Messgeräten als sogenanntes Quantenphänomen auftreten. Man könne deshalb zwar nicht von einer mechanischen Störung des Systems S_2 durch eine Messung an S_1 sprechen, da es sich aber bei einer Ortsmessung und einer Impulsmessung um verschiedene Experimentalanordnungen handelt, handele es sich auch jeweils um Objekte mit anderen Eigenschaften, so dass die beiden Systeme gemäß der QM jeweils in dem einen Fall nur einen Ort und im anderen Fall nur einen Impuls besitzen.

Die Annahme, dass Versuchsanordnungen die Eigenschaften eines weit entfernten Objektes – aufgrund spukhafter Fernwirkungen, wie Einstein es ausdrückte – definieren, ist so ungewöhnlich, dass viele Physiker mit der Bohrschen Antwort unzufrieden blieben. Aus diesem Grund versuchen immer wieder Physiker, die QM mit zusätzlichen und bislang unbekannten Variablen derartig zu erweitern, dass

1. für jedes Quantensystem S jede zu S gehörende dynamische Variable A zu jeder Zeit innerhalb der Lebenszeit von S einen bestimmten Wert besitzt und dass

2. eine Messung einer dynamischen Variable A einen schon vor der Messung existierenden Wert enthüllt.

In den 60er Jahren ist es dann Bell (1964) anhand der nach ihm benannten Ungleichung gelungen zu zeigen, dass unbekannte deterministische (in einer Verallgemeinerung auch stochastische) Parameter, die nicht vom Messgerät beeinflusst werden, nichtlokal wären, das heißt, dass sie sich mit unendlich großer Geschwindigkeit ausbreiten würden. Der Beweis seiner Ungleichung basiert hauptsächlich auf den folgenden zwei Voraussetzungen:

1. Realismus: Physikalische Objekte existieren unabhängig von ihrer Beobachtung.[1]

---

[1] Anders als ich es in Abschnitt 3.5 definiere, wird hier wieder der Realismusbegriff von den Physikern in einem allgemeinen Sinn verwendet für etwas, das wirklich existiert und nicht nur in unserer Phantasie vorkommt.

2. Lokalität: Physikalische Effekte breiten sich nicht mit Überlichtgeschwindigkeit aus.

In den letzten Jahrzehnten wurden zahlreiche Experimente zur Überprüfung der Ungleichung durchgeführt. Die Resultate der meisten und
technisch besten Experimente stehen in Übereinstimmung mit der QM
und verletzen die Ungleichung, so dass heute die Mehrheit der Physiker
davon ausgeht, dass die Bellsche Ungleichung in der Natur unter bestimmten Bedingungen ungültig ist. Man scheint nun also die Wahl zu
haben, entweder die Lokalitäts- oder die Realismusforderung aufzuge-
ben, welche zum Beweis der Ungleichung nötig sind. Da viele Physiker
nicht bereit sind, auf die Realität der Quantenobjekte zu verzichten, geben sie die Lokalitätsforderung auf, und da die Relativitätstheorie Ob-
jektbewegungen mit schneller als Lichtgeschwindigkeit zu verbieten
scheint, betrachten sie die Experimente zur Bellschen Ungleichung als
ein starkes Argument für eine völlig neuartige Zusammenhangsart, für
einen ganzheitlichen Zusammenhang der Welt.

Neben der holistischen Argumentation Bohrs als Antwort auf das EPR-
Paradox und neben der Verletzung der Bellschen Ungleichung gibt es
ein weiteres Argument für den Holismus, welches auf direktere Weise
mit dem Formalismus der QM verbunden ist, nämlich das Pauli-Prinzip. Das Pauli-Prinzip besagt, dass keine zwei Elektronen in einem
Atom in allen vier Quantenzahlen übereinstimmen können. In seiner
allgemeinen Formulierung besagt es, dass die Gesamtwellenfunktion
von mehreren Fermionen (dies ist eine Teilchenart, zu der auch das
Elektron gehört) total antisymmetrisch ist. Dies bedeutet, dass sich
Fermionen auch ohne Wechselwirkung nicht mehr unabhängig voneinander bewegen. Betrachtet man das Beispiel zweier Neutronen mit
gleichgerichtetem Spin, so folgt aus ihrer antisymmetrischen Wellenfunktion, dass sie niemals zusammenkommen und niemals die gleichen
Geschwindigkeiten haben können. „Anthropomorph gesprochen scheinen sich die Teilchen entschieden zu meiden, aber auf eine ganz seltsame Weise, die von ihrer Relativgeschwindigkeit abhängt" (Kanitscheider 1979: 229): Je größer ihre Geschwindigkeitsdifferenz ist,
umso kleiner ist der Bereich, in dem sie sich meiden, und bei einer fes-
ten Geschwindigkeitsdifferenz verschwindet die Aufenthaltswahr-

scheinlichkeit eines Objektes nicht nur am Ort des anderen, sondern auch bei allen Abständen voneinander, die das Vielfache einer bestimmten Größe sind, während dazwischen die Wahrscheinlichkeitsdichte Maxima besitzt. Die QM nimmt keine zwischen den Fermionen wirkende Kraft an, trotzdem ist das Verhalten mehrerer und scheinbar voneinander getrennter Teilchen aufeinander abgestimmt.

Neben Niels Bohr war David Bohm einer der Physiker, die schon vor den experimentellen Untersuchungen zur Bellschen Ungleichung den Ganzheitscharakter der QM besonders stark hervorhoben. Bohm hatte immer wieder versucht, eine ontologische Interpretation der QM zu geben, und seine Interpretation von 1952 und 1954 wurde von Beginn an gerade auch deshalb von vielen anderen Physikern kritisiert, weil sie ein nichtlokales Quantenpotenzial postuliert. Bohm (1986, Bohm & Vigier 1954) deutete Mehrteilchensysteme als unteilbare Ganzheiten, deren Teilchen auf nichtlokale Weise durch ein Quantenpotenzial gesteuert werden. Da völlig unklar war und noch ist, wie es zu einer nichtlokalen Abhängigkeit weit voneinander entfernter und scheinbar unabhängiger Objekte kommen kann, gab Bohm diese Theorie zunächst auf, nach den in den 70er und 80er Jahren durchgeführten Experimenten zur Bellschen Ungleichung fand jedoch sein Konzept des nichtlokalen Quantenpotenzials wieder verstärkt Beachtung. Zwar ist es nach wie vor völlig rätselhaft, wie es zu dieser Nichtlokalität – heute auch als EPR-Korrelation bezeichnet – kommen kann, dass es aber Derartiges gibt, wird von immer weniger Physikern bezweifelt. Der Physiko-Chemiker Hans Primas (1984) vertritt zum Beispiel die These, dass wegen der EPR-Korrelation das ganze Universum ein verschränktes System und damit ein unteilbares Ganzes sei.

Eines der größten Probleme mit der EPR-Korrelation ist aber die Frage nach der Vereinbarkeit mit der Relativitätstheorie. Die Relativitätstheorie scheint einen Informationstransfer mit schneller als Lichtgeschwindigkeit zu verbieten, in der EPR-Situation wird hingegen die Information scheinbar instantan von einem Objekt zum anderen übertragen. Instantaner Informationstransfer, d.h. ohne Zeitverlust, ist ein schwer verstehbares Phänomen und aus diesem Grund hat Bohm in seinen letzten Veröffentlichungen vorgeschlagen, dass es unter der heute bekannten relativistischen Ebene eine Seinsschicht gäbe, die nichtrelativistisch sei und aus der die relativistische Ebene als ein statistisches Emergenzphänomen hervorgehe (Bohm & Hiley 1993). Auf dieser tieferen Ebene (die in unserer Weltauffassung als Äther bezeichnet wird) könnten Prozesse so schnell ablaufen, dass sie zwar nicht instantan erfolgen, aber doch so schnell, dass es uns bei unseren heutigen Messmethoden als ohne Zeitverzögerung erscheint.

Diese zwei unterschiedlichen Geschwindigkeitsbereiche lassen sich gut mit unserer Computerwelt-Analogie verdeutlichen. Ein Computer kann so programmiert werden, dass sich die Objekte auf seinem Bildschirm nicht schneller als eine bestimmte Grenzgeschwindigkeit bewegen können; die Informationsverarbeitung im Rechner hingegen erfolgt mit einer wesentlich größeren Geschwindigkeit, so dass Veränderungen an zwei Bildschirm-Objekten als instantan erscheinen können. Innerhalb der Computer-Metapher kann man sich deshalb das Phänomen der Ganzheit bzw. Einheit folgendermaßen plausibel machen. Zwar sind die auf dem Bildschirm abgebildeten Objekte voneinander getrennt, in der Informationsverarbeitung zur Steuerung von deren Bewegungen kann der Rechner sie aber als zusammengehörend behandeln. Der Rechner kann zunächst das Verhalten des Gesamtsystems errechnen, um dann in einem zweiten Schritt diesbezüglich das Verhalten der Teilsysteme zu ermitteln. In der Realität (im Sinne von Abschnitt 3.5) sind die Objekte getrennt, in der Informationsverarbeitung im Äther werden sie hingegen als zusammengehörend behandelt. Und damit sie in der Informationsverarbeitung als Einheit behandelt werden können, muss das zugrunde liegende Substrat, der Äther, eine Einheit sein.

In der Wissenschaft werden mehrere Objekte, die als Einheit zusammengehören, als ein System bezeichnet. Die allgemeine Systemtheorie ist eine wissenschaftliche Forschungsrichtung, in der versucht wird, allgemeine Gesetzmäßigkeiten von Systemen ganz unterschiedlicher Zusammensetzungen zu untersuchen (physikalische, biologische, soziologische etc.). Als Begründer der allgemeinen Systemtheorie gilt der Biophysiker Ludwig von Bertalanffy (1968), der ein System mathematisch so definierte, dass das Verhalten jedes Systemelementes vom Verhalten der anderen Elemente abhängt; in mathematischer Form ausgedrückt: $\frac{dQ_i}{dt} = f_i(Q_1, Q_2, ..., Q_i, ..., Q_n)$. In der Biologie findet der systemhafte bzw. ganzheitsbezogene Forschungsansatz seit ein paar Jahren wieder stärkere Beachtung, statt von Ganzheitlichkeit spricht man hier auch von der Kohärenz der Objekte (Fröhlich 1988; Penrose 1994) und statt von Systemtheorie oft auch von der Synergetik. In der Terminologie von Hakens synergetischem Forschungsansatz kann man ein System definieren als eine Menge von Elementen, die durch einen gemeinsamen Ordnungsparameter gesteuert werden.

3.8 Schachtelung und Schichtung

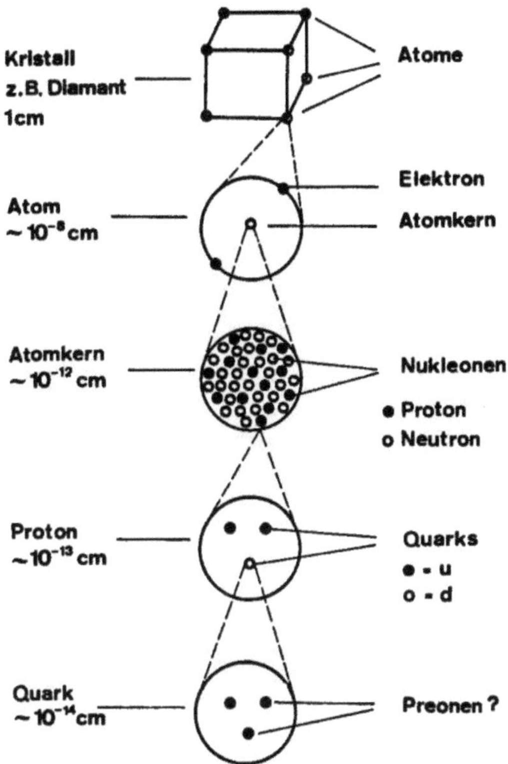

Abb. 11: *Schachtelungsstruktur eines Kristalls (aus Genz 1992: 252).*

Wie jedes andere höhere Lebewesen auch enthält der menschliche Körper mehrere verschiedene Organe: Herz, Magen, Nieren, Hirn etc. Jedes Organ besteht aus mehreren Zellschichten, jede Zellschicht aus vielen Zellen, und jede Zelle enthält viele verschiedene Zellorganellen, z. B. Mitochondrien, Ribosomen und den Zellkern. Auf eine hochkomplexe Weise ist der Körper ein System, das aus einer Vielzahl von ineinander verschachtelten Subsystemen besteht. Der menschliche Körper ist wiederum selbst Teil einer Gesellschaft, die aus sehr vielen ineinander gruppierten Subsystemen besteht, wie besonders die Bürokratie der modernen Gesellschaften verdeutlicht. Dieses Prinzip der Zusammensetzung eines Objektes aus relativ selbständigen Untereinheiten ist sogar bei der leblosen Materie beobachtbar. Abbildung 11 skizziert die Schachtelungsstruktur eines Kristalls, wie man sie mit den Vorstellungen der klassischen Physik veranschaulichen würde. Ob oder auf welche Weise man den Schachtelungsbegriff tatsächlich bis auf die Ebenen der Atome und Elementarteilchen anwenden kann, ist zweifelhaft; mit anschaulichen Begriffen muss man hier vorsichtig sein. Trotzdem illustriert Abbildung 11 das Prinzip der Schachtelung sehr schön; zu beachten bleibt aber auch, dass das Ganze oft nicht nur die Summe aller Teile ist, sondern emergente Systemeigenschaften besitzt.

Abb. 12: Schichtenaufbau der Naturgesetze. Jede Schicht ruht auf der darunter liegenden auf und die Gesetze jeder Schicht werden von denen der superponierenden Schicht überformt bzw. angepasst.

Wie im vorigen Abschnitt erläutert wurde, bezeichnet man in der Wissenschaft solche Objekte als Systeme, die aus mehreren Elementen bestehen, welche eine zusammengehörende Einheit bilden. Um das Verhalten eines Gesamtsystems beschreiben und zumindest teilweise erklären zu können, ist aber oftmals nicht nötig, die Subsysteme zu kennen. So konnte man in der Physik schon das Verhalten von Atomen untersuchen, ohne zu wissen, dass diese sich aus Elektronen und Protonen und diese sich wiederum aus Quarks zusammensetzen. Da ein Gesamtsystem Eigenschaften haben kann, die die Subsysteme nicht besitzen (oder umgekehrt: ein Wasserstoffatom ist nach außen elektrisch neutral, Elektronen und Protonen sind elektrisch geladen), ist es oftmals unumgänglich, für die Beschreibung des Gesamtsystems neue Variablen oder Parameter einzuführen, zu deren Erklärung eigene Naturgesetze formuliert werden müssen. Dass das Verhalten eines Gesamtsystems durch besondere Naturgesetze beschrieben wird, welche von denen der Subsysteme unterschieden sind (aber natürlich damit vereinbar sein müssen), wird in der Wissenschaft dadurch ausgedrückt, dass die Naturgesetze der Prozesse von solchen ineinandergreifenden Gefügen übereinander geschichtet sind. Die unterste Schicht dieser Gesetzeshierarchie wird gebildet von den physikalischen Naturgesetzen der Elementarteilchen, darüber liegen die Gesetze für das Verhalten der Atome, darüber die thermodynamischen Gesetze für Systeme mit einer hohen Anzahl statistisch verteilter Objekte. Zum Beispiel gilt für ein einzelnes freies Teilchen die Schrödinger-Gleichung, für ein Ensemble von sehr vielen statistisch verteilten Objekten gilt die Thermodynamik, deren zweiter Hauptsatz besagt, dass sich ein geschlossenes System mit der Zeit so entwickelt, dass die Entropie nicht abnimmt.[1] Die verschiedenen Gesetzesstufen der Physik unbelebter Materie kann man grob zusammenfassen als die physikalische Hauptschicht, über der (wieder grob zusammengefasst) die chemische Hauptschicht liegt, darüber die der Biologie, Psychologie, Soziologie und die der Politikwissenschaft der interna-

---

[1] Wie beide Gesetzesstufen miteinander vereinbar sind, ist ein altes Problem der Physik, da die erste Stufe ein reversibles Gesetz darstellt, die zweite ein irreversibles. Nach unserer Auffassung ist dies ein typisches Emergenzphänomen.

tionalen Beziehungen (siehe Abb. 12).[1] Um nun eine bestimmte Systemebene zu erklären, ist es vor allem wichtig, die Naturgesetze der entsprechenden Systemebene zu kennen; die Naturgesetze für die Erklärung der Systemkomponenten haben aber darüber hinaus ebenfalls einen hohen Erklärungswert und schließlich ist das Gesamtsystem oftmals selbst wiederum in ein übergeordnetes System eingebettet, dessen Gesetze ebenfalls einen hohen Erklärungswert haben können. Eine höhere Gesetzesschicht ruht auf einer niederen auf und wird von einer noch höheren modifiziert, und alle Schichten tragen zur Erklärung eines Systems bei. Aus diesem Grund wird in der Biologie auch Biophysik betrieben und in der Psychologie Biopsychologie und Sozialpsychologie. Um beispielsweise das Verhalten eines Menschen zu erklären, benötigt man gute Psychologiekenntnisse; einerseits wird aber ein großer Teil seines Verhaltens biologisch determiniert – etwa sein tägliches Essverhalten –, andererseits legen soziale Normen in einem großen Umfang die Art seiner Handlungsweisen fest – etwa die Aktivitäten bei der Arbeit oder die Gebräuche einer Gesellschaft beim Essen.

Die Modifizierung einer niederen Gesetzesschicht bzw. einer niederen Systemebene aufgrund einer höheren Systemebene ist folgendermaßen

---

[1] Die Unterscheidung biologische versus psychologische Hauptschicht bedarf einer näheren Erläuterung, denn man könnte natürlich die psychologische Schicht auch als Teil der biologischen Hauptschicht beschreiben, da Bewusstsein und psychisches Verhalten Eigenschaften biologischer Systeme sind (in Abb. 12 gäbe es dann keine psychologische Schicht). Aber ebenso wie die Physik im ersten Kapitel definitorisch auf die Untersuchung anorganischer und einfacher Objekte innerhalb von Organismen eingegrenzt wurde (im Einklang mit der üblichen Fakultätenunterscheidung an den Universitäten), so wird hier auch die Biologie definitorisch eingegrenzt auf die Untersuchung der Tiere und der physiologischen Abläufe innerhalb von Menschen, wohingegen die Psychologie das Verhalten von ganzen Organismen mit Bewusstsein untersucht, evtl. konzentriert auf den Menschen, so wie es an den Universitäten größtenteils üblich ist. Grob gekennzeichnet bezieht sich die Biologie hauptsächlich auf *physiologische Abläufe* im Körper und auf die *Formen der Gesamtkörper*, die Psychologie hingegen auf das *Gesamtverhalten des Körpers* höherer Lebewesen mit Bewusstsein. Es gibt jedoch Überschneidungen (biologische Verhaltensforschung und Psychosomatik). Die definitorische Abgrenzung von Mensch und Tier wird in Kapitel 10 über Soziologie eingehender erörtert.

möglich. Teilchen bewegen sich nach klassischer Sicht permanent unverändert geradlinig (quantenmechanisch betrachtet wellenförmig), soweit keine äußeren Kräfte auf sie einwirken, weshalb ihre physikalischen Bewegungsgleichungen die auf sie wirkenden Kräfte enthalten, wofür bei isolierten Teilchen z. B. gravitative und elektromagnetische Kräfte in Frage kommen. Ist jedoch ein Teilchen ein Element einer statistisch verteilten Ansammlung sehr vieler Teilchen, so gibt es in dieser Ansammlung zusätzlich thermodynamische Potenziale wie Enthalpie und Entropie, welche in Form von generalisierten Kräften auf jedes Teilchen wirken. Wollte man also für ein einzelnes Teilchen einer solchen Gesamtheit die Bewegungsgleichung aufschreiben – was natürlich aus Komplexitätsgründen nicht exakt möglich ist –, so müsste seine Bewegungsgleichung zusätzlich zu den gravitativen und elektromagnetischen Kräften noch Terme für die zusätzlich vorliegenden generalisierten Kräfte der TD enthalten. Analog kann man sich auch die auf noch höheren Systemebenen auftretenden emergenten Systemeigenschaften als zusätzlich wirkende Kräfte vorstellen, wie es die Synergetik in Form von neuen Feldern annimmt. Eine zweite Möglichkeit, gesetzmäßige Bewegungsformen durch übergeordnete Faktoren zu verändern, wird im Abschnitt über Teleonomie vorgeschlagen, nämlich die Modifizierung der in den Naturgesetzen auftretenden Naturkonstanten oder anderer Parameter.

Während somit die realen Objekte ineinander verschachtelte Gefüge sind, wird bei der wissenschaftlichen Erklärung von deren Verhalten von einer Schichtung der Gesetzesbeziehungen gesprochen; jede höhere Gesetzesschicht ist einer übergreifenderen Systemgesamtheit zugeordnet. Dieser Unterschied lässt sich wieder gut mit unserer Computer-Analogie erläutern. Die ineinander verschachtelten Gefüge lassen sich so wie in der realen Natur auf dem Bildschirm eines Computers abbilden. Die Software jedoch, die das Verhalten dieser Objekte steuert, ist in einem Computer hierarchisch strukturiert. Wollte man für unseren Körper ein Computerprogramm schreiben, so müsste zunächst festgelegt werden, wie sich das oberste Gesamtsystem, der gesamte Körper, zu bewegen hat; daran würde sich dann das Verhalten der nächstgelegenen Subsysteme (der Organe) orientieren müssen und so weiter bis zur Bewegungsform der kleinsten Elemente. Wie bei der Software eines

Computers so scheint es auch in der Natur zu sein; die niedere Ebene richtet sich nach der höheren, um mit dem Verhalten des Gesamtsystems im Einklang zu stehen. Umgekehrt ausgedrückt bedeutet das, dass die höhere Schicht das Verhalten der niederen steuert. In den Naturwissenschaften spricht man hier von Abwärtskausalität oder auch von Makrokausalität (s. Abb. 9, 13). Eine besonders markante Form der Abwärts- oder Makrokausalität sind unsere Körperbewegungen: Unser Bewusstsein entschließt sich zu irgendeiner Willenshandlung und die motorischen Neuronen des Gehirns und daraufhin alle Teilchen des gesamten Körpers verhalten sich dementsprechend. Wie im Abschnitt über Selbstorganisation beschrieben wurde, nimmt die Synergetik an, dass Systeme emergente Ordnungsparameter hervorbringen können, welche die Systemkomponenten steuern oder „versklaven". Ähnliches gibt es auch, wie schon angedeutet, in der Thermodynamik: Die TD nimmt die Existenz von Potenzialen und Zustandsgrößen wie Entropie und Temperatur an und diese Potenziale und Zustandsgrößen sind Systemeigenschaften, die von sehr vielen Komponenten hervorgebracht werden und welche umgekehrt das Verhalten der Komponenten mitbestimmen (in Form von generalisierten Kräften).

Die beiden Begriffe Abwärtskausalität und Makrokausalität beziehen sich auf denselben Sachverhalt, betrachten ihn aber aus unterschiedlicher Perspektive. Betrachtet man die TD unter dem Gesichtspunkt der Naturgesetze, so kann man sagen, dass die Phänomene der höheren Schicht (Temperatur, Entropie) die niedere Schicht (die einzelnen Komponenten) beeinflussen, und in diesem Sinne liegt eine Abwärtskausalität vor. Betrachtet man hingegen dasselbe System unter dem Gesichtspunkt der realen Objekte, so kann man denselben Vorgang als Makrokausalität bezeichnen, denn die einzelnen Komponenten des Systems sind kleiner – oft nicht direkt sichtbar – als das übergreifende System, und dieser Makrozustand mit seinen Systemeigenschaften bestimmt das Verhalten der Mikroobjekte. Meint man die Vorgänge in der realen Welt, so ist der Ausdruck Makrokausalität passender, meint man die im Äther ablaufenden hierarchischen Informationsverarbeitungsprozesse, so ist der Ausdruck Abwärtskausalität passend: Die Objekte der Realität sind bis zu riesigen Makroobjekten ineinander verschachtelt, wohingegen die Naturgesetze als Hierarchieschichten beschreibbar sind.

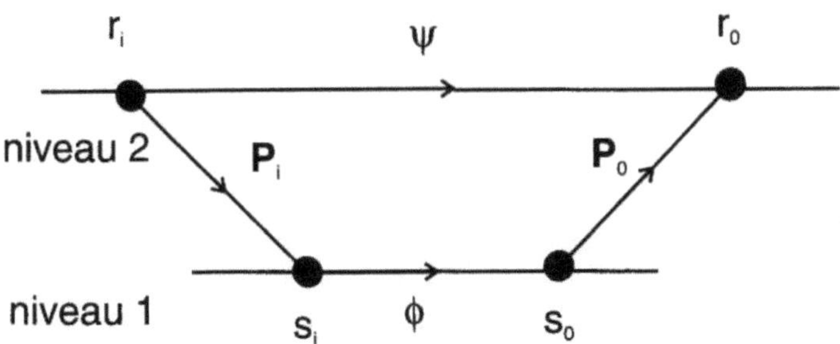

Abb. 13: Abwärtskausalität. Chauvet (1995a: 229) beschreibt den Organismus als eine Hierarchie verschiedener Ebenen, wobei die Prozesse einer höheren Ebene ablaufen, indem sie die niederen entsprechend beeinflussen. In der Skizze muss die funktionelle Wechselwirkung zwischen r_i und r_o von Ebene 2 auf die Wechselwirkungen von Ebene 1 zurückgreifen. Ist zum Beispiel Ebene 2 das Feld aller Neuronen im Gehirn und Ebene 1 das Feld aller Synapsen, so wechselwirken zwei Neuronen der Ebene 2 miteinander, indem auf der Ebene der Synapsen die entsprechenden Prozesse ablaufen.

Die einzelnen Wissenschaftler sind heutzutage sehr stark spezialisiert, so dass sie oft nur eine einzelne Schicht untersuchen und sich etwa nur um physikalische, nur um biologische oder nur um soziologische Zusammenhänge kümmern. Es gibt aber schon seit einiger Zeit eine zunehmende Tendenz zur interdisziplinären Forschung; diese Forscher suchen nicht nur nach Gesetzen innerhalb einer Schicht, sondern auch nach schichtenübergreifenden Gesetzen, nach biophysikalischen, psychobiologischen oder soziobiologischen Zusammenhängen. Hierbei erliegen allerdings Wissenschaftler oftmals der Gefahr, dass sie übersehen, dass auf höheren Systemebenen neue Phänomene und deshalb auch neue Gesetze auftreten können. Zum Beispiel glauben manche Physiker, auch lebende Katzen mit der heutigen QM erklären zu können, und viele Biologen glauben, das menschliche Verhalten in modernen Gesellschaften mit der biologischen Evolutionstheorie und mit anderen biologischen Theorien hinreichend erklären zu können. Hier wird es im vor uns liegenden Jahrhundert bei vielen Wissenschaftlern noch einen großen Umdenkungsprozess geben müssen. Es gibt aber auch heute schon große Fortschritte. So unterscheidet der theoretische Mediziner Gilbert Chauvet (1995) in unserem Körper verschiedene übereinander liegende und hierarchisch geordnete Ebenen und für jede Ebene nimmt er die Existenz eines eigenen Feldes mit eigener Gesetzlichkeit an. Darüber hinaus vermutet er, dass dementsprechend auch die soziologische Ebene ein eigenes Feld mit neuartiger Gesetzesform haben könnte.

In der Philosophie hat sich besonders Nicolai Hartmann (1949a, 1950) mit der Schichtung der Natur beschäftigt. In seinen umfangreichen Büchern hat er sich bemüht, Gemeinsamkeiten, Unterschiede und das Zusammenwirken der verschiedenen Schichten der Natur herauszuarbeiten. Er unterschied vier Hauptschichten, die Schicht der anorganischen Materie, die des organischen Lebens, die der seelischen Prozesse und die des geistigen Seins, und er stellte vier Schichtungsgesetze auf (1949a: 474f): Das Gesetz der Wiederkehr besagt, dass einige Kategorien (was man hier ungefähr mit den Naturgesetzen vergleichen kann) niederer Schichten in den höheren Schichten wiederkehren. Das Gesetz der Abwandlung besagt, dass einige Kategorien bei ihrer Wiederkehr auf höherer Ebene modifiziert werden. Das Gesetz des Novums besagt, dass jede höhere Kategorie aus einer Mannigfaltigkeit niederer Elemente zusammengesetzt ist, aber etwas spezifisch Neues enthält. Und das Gesetz der Schichtendistanz besagt, dass die Wiederkehr und Abwandlung nicht kontinuierlich fortschreitet, sondern in Sprüngen. (Darüber hinaus ist Hartmanns Werk reich an weiteren heuristisch wertvollen Ideen, die von den Naturwissenschaftlern wissenschaftlich ausgearbeitet und getestet werden sollten.)

3.9 Kausalität

Wenn sich plötzlich die Bewegung eines Objektes ändert, fragt man sich unwillkürlich nach der Ursache dieser Veränderung. Jedes Geschehen hat eine Ursache, so wird unwillkürlich angenommen, und dieses Kausalitätsprinzip ist die Motivation der Naturwissenschaft, nach Erklärungen für die Vorgänge in unserer Welt zu suchen. In der Geschichte der Philosophie tritt das Kausalitätsprinzip ausdrücklich formuliert zuerst bei Demokrit auf, und für Aristoteles, der von der causa efficiens (Wirkursache) spricht, wird alles, was sich bewegt, notwendig von einem anderen bewegt. In der Neuzeit hat Leibniz den Satz vom zureichenden Grund als einen Hauptsatz aller Erkenntnis und Wissenschaft aufgestellt: Nichts ist ohne Grund, warum es sei. Dies haben zu allen Zeiten viele Philosophen geglaubt, und in der Neuzeit war dies die Grundeinstellung der Naturwissenschaft bis zur Entdeckung der QM, in der auch der Zufall eine maßgebende Rolle zu spielen scheint.

In der Naturwissenschaft untersucht man kausale Zusammenhänge auf experimentelle Weise, indem man alle Variablen eines Systems kontrolliert und dann eine oder einige wenige der Variablen systematisch variiert, um zu sehen, was daraufhin mit den anderen Variablen passiert. Führt die Veränderung einer Variable zu einer bestimmten Änderung einer anderen, so wird ein kausaler Zusammenhang vermutet. Dass eine bestimmte Zustandsänderung immer zu bestimmten anderen Veränderungen führt, gilt als das methodologische Kriterium für das Vorliegen von Kausalität. Dies führt dann unmittelbar zu der Frage, wie diese Kausalbeziehung ontologisch realisiert ist, was ein jahrhundertealtes philosophisches Grundproblem ist.

David Hume behauptete, dass wir das Bestehen einer kausalen Beziehung ontologisch überhaupt nicht nachweisen könnten; unser Glaube an die Kausalität wäre lediglich ein psychologisches Phänomen, das sich durch Assoziation und Gewohnheit einstelle. Wenn zwei Vorgänge A und B immer derartig auftreten, dass B immer dann auftritt, wenn vorher A aufgetreten ist, dann würden wir aus psychologischen Gründen glauben, dass A die Ursache von B sei. So glaubten die Menschen lange Zeit, der Blitz sei die Ursache von Donner, bis die Physiker nachwiesen, dass beides die Wirkungen von vorausgehenden elektrischen Entladungen sind. Dieses Beispiel zeigt, dass Hume sicherlich in einigen Fällen Recht hatte, als er behauptete, eine immer wieder auftretende Abfolge von zwei Ereignissen würden die Menschen fälschlicherweise als eine kausale Beziehung ontologisch missinterpretieren. Auf der anderen Seite, wenn beispielsweise ein Stein gegen eine Fensterscheibe geflogen ist, ist es dann nicht sehr plausibel zu sagen, der Stein habe die Scheibe zerstört? Wollte man den Begriff der Kausalität allein auf immer wiederkehrende Abfolgen von Ereignissen reduzieren, so müsste man sagen, dass der Stein der Fensterscheibe sehr nahe gekommen sei und dass eben in einem solchen Fall bisher alle Fenster zersprungen seien. Dies klingt doch etwas dürftig. Auf welche Weise ist aber nun die Kausalität in der Natur verankert?

Beim Billiardspiel stößt man mit einem Stock eine Kugel an, diese rollt daraufhin über den Tisch, trifft auf eine andere, noch ruhende Kugel, welche sich daraufhin in Bewegung setzt. Das Auftreffen der ersten Kugel auf die zweite ist die Ursache für die Bewegung der zweiten. Auf diese Weise stellt sich wohl manch einer intuitiv die Kausalbeziehung vor; zumindest im gerade überwundenen atomistischen Weltbild war dies vermutlich die Prototyp-Vorstellung der Kausalbeziehung. Wie kann man aber beim heutigen Stand der Wissenschaft Kausalität ontologisch erklären? Vergleichen wir wieder einmal die Welt mit einem Computer, so lässt sich unser Billiardspiel folgendermaßen beschreiben. Auf dem Computer-Bildschirm ist ein Billiardtisch samt Spieler abgebildet. Eine Kugel wird wieder angestoßen, sie rollt über den auf dem Bildschirm abgebildeten Billiardtisch und stößt auf eine andere Kugel, die sich daraufhin in Bewegung setzt. Kann man nun behaupten, das Auftreffen der ersten Kugel auf die zweite sei die kausale Ursache für die Bewegung der zweiten? Doch wohl nicht, denn dies ist lediglich eine Scheinkausalität, weil die wirkliche Ursache in den Informationsverarbeitungsprozessen im Rechner liegt. Wenn aber die Welt tatsächlich in einigen Eigenschaften mit einem Computer vergleichbar wäre, wäre dann nicht auch beim realen Billiardspiel das Auftreffen der ersten Kugel auf die zweite nur eine Scheinkausalität und läge dann nicht die wirkliche Ursache für die Bewegung der zweiten im Äther verborgen?

Wäre dann nicht auch der Stein nur eine Scheinursache für die Zerstörung der Fensterscheibe?

In der Physik ist die ontologische Natur der Kausalität dermaßen ungewiss, dass Physiker diesen Begriff nur selten und dann meist in einem anderen Sinn (zeitliche Reihenfolge von Ereignissen) benutzen. Vor allem physikalisch gebildete Philosophen bemühen sich immer wieder darum, für das Kausalitätsproblem Erklärungen anzubieten. Gerhard Vollmer (1986) zum Beispiel hat vorgeschlagen, die Kausalbeziehung als Energieübertrag zu deuten. Der Stein zerstört die Fensterscheibe durch einen Energietransfer, wohingegen Blitz und Donner keinen Kausalzusammenhang bilden, weil es zwischen ihnen keine Energieübertragung gibt, sondern von der elektrischen Entladung verschiedene Energieübertragungen erfolgen. Die Deutung der Kausalbeziehung als Energieübertrag klingt zunächst sehr plausibel, Vollmer selbst bespricht aber auch Gegenbeispiele. So behalten beim Stoß zweier gleich schwerer und gleich schneller Kugeln im vollelastischen Idealfall beide ihre Energie, es kommt nur zu einem Impulsübertrag. Die größten Probleme mit einer ontologischen Charakterisierung der Kausalbeziehung hat man jedoch in der QM. Auf welche Weise ein Objekt und somit auch seine Energie von einem Ort zu einem anderen gelangt, ist unklar, und je kleiner die Raumzeitintervalle sind, die man betrachtet, desto größer sind die möglichen spontanen Energiefluktuationen. Da diese Energiefluktuationen zwar spontan auftreten, aber doch gesetzmäßig erfolgen auf solche Weise, dass die Energie-Zeit-Unschärferelation eingehalten wird, kann man auch hier nach den Ursachen der Fluktuationen fragen, die nun aber selbst nicht mehr von energetischer Natur sein sollten. Die Kopenhagener Interpretation (s. Anhang) nimmt hier Zufallsprozesse an und leugnet die vollständige Gültigkeit des Kausalitätsprinzips. Auf den Zufall wird in Abschnitt 3.11 genauer eingegangen, zunächst soll aber neben dem Vorschlag der Energieübertragung eine weitere Möglichkeit einer ontologischen Kausalitätscharakterisierung angesprochen werden.

Am nahe liegendsten ist natürlich, die Kausalbeziehung durch das Wirken von physikalischen Kräften zu erklären. Ein Stein fällt nach Newton deshalb zu Boden, weil sich Erde und Stein durch die

Gravitationskraft anziehen. Da bei der Annäherung des Steins an die Erde die potenzielle Energie des Steins abnimmt, ist auch bei dieser Kausalitätsdeutung die Energie von Bedeutung (Kraft und Energie sind zwei eng verwandte Begriffe). Laut der heutigen Gravitationstheorie lenkt jedoch die Struktur der Raumzeit die Bewegung des Steines und die Struktur der Raumzeit wird durch den Energiegehalt des Systems mitbestimmt. In den heutigen Elementarteilchentheorien werden Wechselwirkungen, wie in Kapitel 3.2 beschrieben wurde, quantenfeldtheoretisch durch den Austausch von Eichbosonen (Photonen, Gluonen etc.) beschrieben. Danach wirken Kräfte, welche zur Kausalitätscharakterisierung herangezogen werden könnten, durch den Austausch von kleinsten „Teilchen" bzw. Feldquanten (welche auch Energie transportieren). Da aber die ontologische Interpretation der QM bzw. QFT (bzw. von „Teilchen") ein großes Problem ist, da man sich darüber uneins ist, was zwischen zwei Beobachtungen von physikalischen Messwerten wirklich geschieht, wird an dieser Stelle besonders deutlich, dass die Physik die Kausalbeziehung zurzeit nicht befriedigend erklären kann. Die Suche nach Ursachen, der Begriff der Kausalität, wird auch in Zukunft in der Naturwissenschaft eine wichtige heuristische Leitidee bleiben, aber zurzeit muss man sich darauf beschränken, Kausalität auf einer methodologischen Ebene als eine gesetzmäßige Abfolge von Ereignissen zu charakterisieren. Der Philosoph Bertrand Russell plädierte sogar dafür, den Begriff der Ursache durch den der funktionalen Abhängigkeit zu ersetzen (s. Frisch 2012: 411). (Nach der hier vertretenen Weltauffassung sollten die Ursachen für alle realen Vorgänge im Äther bzw. Vakuum liegen.)

Mit der Kausalitätsthematik sind weitere Problemkomplexe verbunden, nämlich die Frage nach der Vereinbarkeit der Kausalität mit den teleonomen und teleologischen Vorgängen in der Biologie und Psychologie und die Frage nach der Vereinbarkeit der Kausalität mit dem Zufall der QM. Hierauf wird in den beiden folgenden Abschnitten eingegangen.

3.10 Teleonomie und Teleologie

Das Herz schlägt, um das Blut zirkulieren zu lassen; eine der Aufgaben der Nieren ist, Endprodukte des Stoffwechsels auszuscheiden; Vögel ziehen in warme Gegenden, um den niedrigen Temperaturen und dem Futtermangel im Winter auszuweichen; Professoren halten Vorträge, um die Studenten zu belehren. All diese Vorgänge laufen ab, um zu einem Ziel zu gelangen. Die Teleologie, welche Vorgänge auf ihre Zwecke hin befragt und unter Berufung auf Endursachen erklärt, geht auf Aristoteles zurück, der neben der Kausalität (causa efficiens), wie sie im vorigen Abschnitt besprochen wurde, unter anderem auch die Zweckursache annahm. Zurzeit gibt es in der Wissenschaft und in der Philosophie keine allgemein akzeptierte Definition für Teleologie, und vielleicht die Mehrheit der Naturwissenschaftler und -philosophen lehnt sogar die Teleologie als Prinzip der Natur ab, weil sie scheinbar im Widerspruch stehe zu herrschenden Grundeinstellungen in den Naturwissenschaften, vor allem in Bezug zur Kausalität. Bezüglich der Kausalität wird oftmals ein Widerspruch vermutet, weil das Ziel oder der Zweck eines Vorganges in der Zukunft liegt, wohingegen nach dem Kausalitätsprinzip die Vorgänge durch Ereignisse in der Vergangenheit bestimmt werden. Hierauf wird von Seiten der Teleologen zumeist erwidert, dass nicht das zukünftige Ziel die Vorgänge bestimme, sondern der Plan oder der Willensakt einer Person bzw. eines Lebewesens, und diese antizipatorische Zwecksetzung geht der Verwirklichung des Zwecks zeitlich voraus. Hierauf wird wiederum von den Gegnern der Teleologie erwidert, dass das Aufstellen von Plänen und antizipatorische Zielsetzungen subjektive Vorgänge sind, die vielleicht in der Psychologie angemessen sind, aber nicht in der Biologie oder anderen Bereichen der Natur.

Für die Psychologie kann man Teleologie definieren, wie es Nicolai Hartmann (1951: 69) tat; er unterschied drei Bestandteile von teleologischen Vorgängen: Zunächst erfolgt die Setzung des Zwecks im Bewusstsein als Antizipation des Künftigen, dann erfolgt eine Auswahl der Mittel zum Erreichen des Zwecks und schließlich erfolgt die Realisation des Ziels durch die selegierten Mittel, was als herkömmlicher Kausalprozess abläuft. Hartmann anerkannte, dass es in der Biologie viele Abläufe gibt, die auf ein Ziel hin abzulaufen scheinen, echte Teleologie im Sinne seiner Definition könne dies jedoch nicht sein, weil die bewusste Zielantizipation eines Subjekts fehlt. Eine ähnliche Grundeinstellung haben heute viele Biologen; es scheinen zwar biologische Vorgänge auf Ziele hin abzulaufen, echte Teleologie könne dies aber nicht sein. Vor allem von Seiten der Philosophen gibt es Versuche, biologische „um zu"-Erklärungen in kausale (d.h. mechanistische) Erklärungen umzuformulieren. Viele Biologen sind jedoch mit diesen „Übersetzungen" von zweckgerichteten in kausale Erklärungen unzufrieden. Nach ihrer Meinung würde bei diesen Übersetzungen etwas verlorengehen, was notwendig zu biologischen Abläufen gehöre. Sagt man, das Herz schlägt, um das Blut zirkulieren zu lassen, dann ist das eine etwas andere Aussage, als wenn man nur sagt, das Herz schlägt und das Blut zirkuliert.

Um die zielgerichteten Abläufe der Biologie mit dem Kausalitätsprinzip zu vereinbaren, hat man in der Biologie den Begriff „Teleonomie" eingeführt. Während teleologische Vorgänge zielintendierte Tätigkeiten von Subjekten mit bewusster Zielantizipation sind, sind teleonomische Vorgänge zielgerichtete Abläufe der Natur ohne Bewusstsein und Willensakt. Mit den Worten von Nicolai Hartmann handelt es sich im ersten Fall um zwecktätige Vorgänge, im zweiten Fall um zweckmäßige. Der Terminus Teleonomie wird heute von vielen Biologen benutzt, so auch von Ernst Mayr, einem der Begründer der synthetischen Evolutionstheorie. Mayr versteht unter Teleonomie Folgendes: *„Ein teleonomischer Vorgang oder ein teleonomisches Verhalten ist ein Vorgang oder Verhalten, das sein Zielgerichtetsein dem Wirken eines Programms verdankt"* (Mayr 1991: 61). Teleonomische Prozesse erreichen also ein Ziel, weil sie von einem Programm, der DNS, gesteuert werden, und dieses Programm ist im Lauf der Evolution als Resultat der natürlichen Auslese entstanden. Diese Deutung der Teleonomie klingt zunächst sehr befriedigend, kann aber auch kritisiert werden. Engels (1982) kritisiert, dass zwar die Struktur der DNS die Prozesse im Organismus bewirkt, eine Struktur oder Gestalt ist aber nicht schon ein Ziel, es sei denn, man definiere es so; die Prozesse finden nicht *um eines Zieles willen* statt, sondern verlaufen ebenso mechanistisch, wie ein fallender Stein als Zielzustand den Boden erreicht. Noch schwerer als diese definitorische Kritik wiegt der Umstand, dass die Umsetzung des in der DNS gespeicherten Programms, die Genexpression, ein hochkomplexer und bislang nicht völlig verstandener Vorgang ist, der bereits Teleonomie voraussetzt. Bei der Genexpression haben unzählig viele Proteine (Enzyme) ihre Funktionen in komplex ineinander verzahnten Vorgängen zu erfüllen, damit das Programm ausgehend von den Genen bis zur Bildung der dadurch kodierten Proteinarten realisiert werden kann. Und kann dies wirklich im Einklang mit den heutigen quantenmechanischen und thermodynamischen Gesetzen erfolgen?

In der Biologie akzeptieren immer mehr Wissenschaftler, dass es Abläufe gibt, die man auf der Beschreibungsebene als Teleonomie bezeichnen kann, wie man aber diese scheinbare Zielgerichtetheit erklären kann und vor allem wie man sie mit den sogenannten kausalen (mechanistischen) Gesetzen der Physik vereinbaren kann, ist noch umstritten. Systemtheoretiker vermuten, dass Teleonomie (und in der Psychologie verbunden mit Bewusstsein als Teleologie) gegenüber der physikalischen Kausalität eine neue Systemeigenschaft ist, die auf der biologischen Systemstufe als Emergenzphänomen auftritt (s. Engels 1982). In Abschnitt 3.4 hatten wir mehrere Typen von Emergenz unterschieden. Teleonomie kann man nun als einen weiteren Emergenztyp auffassen; auf der biologischen Systemebene taucht eine neue Art von Dynamik, eine zielgerichtete Bewegungsform auf.

Viele Physiker, die an der Entwicklung der QM maßgebend beteiligt waren (Bohr, Heisenberg, Wigner, Schrödinger u.a.) vertraten die Ansicht, dass für biologische Vorgänge neuartige physikalische Naturgesetze gefunden werden müssen. Für solche neuartigen Naturgesetze gibt es heute schon mehrere Ansätze. Bereits in den 40er Jahren ist vor allem durch Norbert Wiener die Kybernetik entstanden, welche mittels Rückkopplungs- und Kontrollmechanismen nicht nur die Entwicklung komplizierter Maschinen ermöglicht, sondern auch die Untersuchung von zu Maschinen isomorphen Strukturen in Organismen. In der Kybernetik werden Regelkreise untersucht, in denen Abweichungen von einem Sollwert (also eines Zielzustandes) durch Rückkopplungsmechanismen beseitigt werden (s. Sachsse 1971). Aus der Technik sind allgemein bekannt die Raumtemperaturregelungen und in Organismen gibt es analog mittels der inneren und äußeren Sinnesrezeptoren Regelkreise, die z. B. unsere Körpertemperatur auf dem Sollwert von ca. 37° C halten. Da diese biologischen Regelkreise strukturell analog zu unseren technischen Geräten sind, unsere Maschinen aber streng kausal arbeiten, gibt es zahlreiche Autoren, die den Anspruch mancher Kybernetiker, teleonomische Erklärungen geben zu können, kritisieren und die umgekehrt die Kybernetik als endgültige Überwindung der Teleologie (bzw. Teleonomie) durch eine vollständig kausale Betrachtungsweise auffassen (vgl. Engels 1982). Gegen die Kybernetik als (vollständige) Theorie der Teleonomie lässt sich aber noch ein grundlegenderer Einwand vorbringen. Die bislang bekannten biologischen Regelkreise befinden sich nämlich im Organismus auf einer sehr hohen Systemebene und es ist deshalb weiterhin problematisch, wie es auf subzellulärer Ebene, bei Ionenströmen und bei Molekülen, zum zielgerichteten Verhalten kommen kann.

In neuerer Zeit hat sich vor allem Chauvet (1995) auf theoretischer Ebene mit dem Problem der Teleonomie beschäftigt und hier viel Pionierarbeit geleistet. Teleonome Prozesse, die innerhalb eines Organismus ablaufen mit dem Ziel, den Gesamtorganismus zu erhalten, werden auch als funktionelle Prozesse bezeichnet. Chauvet vermutet, dass funktionelle Interaktionen beschreibbar seien in der Attraktor-Sprache der Chaostheorie als gerichtete Abläufe von den sogenannten Quellen zu den Senken. (Hierauf wird in Kapitel 7.1 genauer eingegangen.) Nach Chauvet ist der Organismus (auf der Gesetzesebene) geschichtet organisiert, und für jede Schicht gibt es eigene Feldgleichungen, wobei die Dynamik der Felder durch Extremalwerte bestimmt wird. In der Physik gibt es nämlich zwei Hauptarten, Naturgesetze zu formulieren; einerseits als Differenzialgleichungen, andererseits als Variationsprinzipien, bei denen Extremalwerte von Funktionalen gefordert werden. In der Physik werden die Variationsprinzipien schon seit langem als teleologische Formulierungen der Naturgesetze diskutiert (den Begriff Teleonomie kannte man früher noch nicht). Bereits Leibniz meinte, dass die Gesetze der Physik als Minimalprinzipien formuliert werden sollten, insoweit Ziele und Zwecke fundamental für die Wissenschaft seien (Barrow & Tipler 1986). Bei dieser Vorgehensweise wird gefordert, dass eine bestimmte physikalische Größe einen Extremwert (z. B. ein

Minimum) annehmen soll, um dann daraus die Bahngleichung des Systems zu ermitteln. Zum Beispiel kann in der klassischen Mechanik gefordert werden, dass sich ein Teilchen auf derjenigen Bahn bewege, die die Anfangs- und Endposition auf dem kürzesten Weg verbindet. Bei diesem Beispiel kommt der teleologische bzw. teleonome Charakter dieser Herangehensweise dadurch zum Ausdruck, dass die Bewegung des Objektes neben dem Anfangs- auch durch den Endzustand bestimmt wird. Um den teleonomen Charakter der Formel $\int_{t_1}^{t_2} L\, dt =$ *Minimum* (L steht für die Lagrange-Funktion, welche die freie Energie des Systems darstellt) zu verdeutlichen, schreibt Margenau (1977: 423): „Kürzer ausgedrückt „will" die Natur ihr kostbares L konservieren, und sie passt die Bewegung des Teilchens an mit diesem „Ende in Sicht"."[1] Ob diese teleologische bzw. teleonome Deutung der Extremalprinzipien tatsächlich haltbar ist, ist natürlich umstritten und wird wohl von den meisten Physikern zumindest zurzeit verneint. Ernst Mach betrachtete die Extremalprinzipien lediglich als mathematische Kuriosität, wohingegen zum Beispiel Max Planck diese Vorgehensweise für fundamentaler hielt als die andere mit Differenzialgleichungen, welche die kausale Deutung der Naturgesetze nahe legt (s. Barrow & Tipler 1986).

Es ist auch denkbar, Differenzialgleichungen für teleonome Naturgesetze heranzuziehen, worauf ich in Abschnitt 7.1 eingehen werde. Im Rahmen unserer Weltauffassung sind teleonome, zielgerichtete Vorgänge möglich, insofern die informationsverarbeitenden Prozesse im Äther auf Zielzustände hin ablaufen, ähnlich wie es bei Computern geschieht. Ein Computer arbeitet sein Programm zwar streng deterministisch nach dem Kausalitätsprinzip ab, seine Programme dienen aber dennoch dem Erreichen von Zielen.

---

[1] "More briefly put, nature "wants to" conserve its precious L, and she adjusts the particle`s motion with this "end in view"."

3.11 Zufall

In der QM erhält man als Lösung der Schrödinger-Gleichung die Zustandsfunktion Psi (Ψ), welche sich schreiben lässt in der Form $\Psi = \sum_k c_k\, u_k$, wobei $|c_k|^2$ ein Maß für die Wahrscheinlichkeit ist, das Objekt im Eigenzustand u_k vorzufinden. Die Deutung, dass die QM Wahrscheinlichkeitsvorhersagen für Messergebnisse mache und dass es sich bei den quantenmechanischen Vorgängen um Zufallsereignisse handele, wird vor allem von den Kopenhagener Interpreten vertreten. Diese Zufallsdeutung wird von ihnen behauptet, obwohl sie gleichzeitig der Meinung sind, dass man nicht wissen könne, was zwischen zwei Messungen passiere. Es war vor allem Albert Einstein, der sich nicht damit abfinden konnte, dass es in der Natur echte Zufallsprozesse, Vorgänge ohne vollständige kausale Verursachung, geben soll. Kann ein Objekt nach links oder nach rechts springen, ohne dass es dafür jeweils eine Ursache gibt? Man kann es geradezu als ein Ziel der naturwissenschaftlichen Forschung betrachten, im scheinbaren zufälligen Chaos der beobachtbaren Phänomene systematisch wirkende Ursachen zu finden. Bis zur Entdeckung der QM hatte sich die Naturwissenschaft bewusst oder unbewusst immer leiten lassen vom Satz vom zureichenden Grund, wonach nichts ohne Grund passiere.

Einstein nahm an, dass die QM in ihrer heutigen Form unvollständig sei, was er zusammen mit Podolsky und Rosen zu begründen versuchte mit dem nach ihnen benannten EPR-Paradox. Das EPR-Paradox führte später bei Bell zu der nach ihm benannten Ungleichung, zu deren Überprüfung, wie bereits beschrieben, zahlreiche Experimente durchgeführt worden sind. Auch heute noch glauben manche Physiker, dass es noch unbekannte Parameter gäbe, die für die quantenmechanischen Vorgänge verantwortlich seien. Die Untersuchungen zum EPR-Paradox und zur Bellschen Ungleichung zeigten jedoch, dass solche Parameter nicht-lokal bzw. mit Überlichtgeschwindigkeit wirken würden, was im Allgemeinen als Verstoß der Relativitätstheorie angesehen wird. Da aber die scheinbaren Zufallsprozesse der QM nach Gesetzen ablaufen (die Komponenten der Zustandsfunktion, c_k, entwickeln sich in der Zeit gemäß der Schrödinger-Gleichung), ist es durchaus plausibel, systematische Ursachen zu vermuten, und Physiker wie Bohm und Stapp vermuten, dass es unter der relativistischen Ebene noch eine subrelativistische gäbe. Ebenso wie im Abschnitt über Kausalität von Scheinkausalität gesprochen wurde, könnte es sich bei dem quantenmechanischen Zufall um einen nur scheinbaren Zufall handeln. Vergleichen lässt sich dies mit den pseudorandomisierten Zahlen der Computer-Wissenschaft, welche den Anschein von Zufälligkeit haben, aber trotzdem vom Computer nach einer Regel deterministisch hervorgebracht werden. Nach der hier vertretenen Weltauffassung laufen die informationsverarbeitenden Prozesse, die diese scheinbaren Zufallsprozesse der QM erzeugen, im Äther ab.

Steht man auf dem Standpunkt, dass alle Vorgänge der Welt streng deterministisch nach Naturgesetzen ablaufen, dann steht man jedoch einem großen erkenntnistheoretischen Problem gegenüber, welches sich aus dem alten philosophischen Problem der Willensfreiheit ergibt. Beim Problem der Willensfreiheit fragt man, auf welche Weise unsere Wünsche und Gedanken entstehen. Menschen möchten gern tuen, was sie wollen, aber können sie auch wollen, was sie wollen? Wie entsteht ein Wunsch oder ein Gedanke – ist dieser Vorgang durch Hirnprozesse vollständig determiniert? Um die Relevanz dieser Problematik für die Wahrheitsdiskussion zu verdeutlichen, soll einmal angenommen werden, die Welt wäre im Sinne der newtonschen Physik deterministisch und in der Vergangenheit sei das Universum durch einen Urknall entstanden. In der klassischen Physik war (so glaubte man) durch den Ort und den Impuls aller Teilchen die zukünftige Entwicklung des Universums eindeutig festgelegt. Die Konstellation aller Teilchenorte und Teilchenimpulse nach dem Urknall legte somit bereits fest, dass Menschen entstehen würden mit Gehirnen mit bestimmten Ideen und Theorien. Nimmt man an, dass Gedanken vollständig vom Gehirn bestimmt werden, so würden unsere Wissenschaftler nicht deshalb an die Wahrheit ihrer Theorien glauben, weil sie dafür gute Gründe hätten, sondern weil die Teilchenkonstellation nach dem Urknall sie dazu determinierte. Die Theorien könnten zufällig wahr sein, sie könnten aber auch falsch sein. In jedem Fall würden die Wissenschaftler an deren Wahrheit glauben, wenn die Teilchenkonstellation sie dazu verdammen würde. Alle Argumente, die Wissenschaftler anführten, entständen, weil sie dazu determiniert wurden. Ob sie an bestimmte Theorien glauben, würde von Naturgesetzen abhängen – dasselbe würde für die Argumentation für oder wider die Willensfreiheit gelten.

Gegen diese Argumentation könnte eingewendet werden, dass hier der Begründungsaspekt auf unzulässige Weise mit Erklärungen verbunden würde: Wenn für eine Aussage ein einwandfreier logischer Beweis vorliegt, dann ist es egal, wie dieser Beweis entstanden ist. Unsere Computer arbeiten ja auch deterministisch und gerade deshalb verarbeiten sie Informationen so zuverlässig! Dagegen ist wiederum einzuwenden, dass wir für unsere Theorien keine derartig lückenlos logischen Beweise haben. Außerdem ist ein logischer Beweis nur die Ableitung eines Satzes aus Axiomen, wobei die Wahrheit der Axiome und die Adäquatheit der Ableitregeln vorausgesetzt werden. Und unsere Computer arbeiten korrekt, weil sie entsprechend geplant wurden; eine derartig vernünftige Ausgangslage kann man aber nach dem Urknall nicht so einfach annehmen.

Nun glauben heute die meisten Physiker nicht mehr an den klassischen Determinismus, und die quantenmechanischen Wahrscheinlichkeiten werden von manchen Physikern (z. B. von Jordan 1932, 1938) als Argument für die Willensfreiheit angeführt. Deutet man im Sinne dieser Physiker die quantenmechanischen Wahrscheinlichkeiten als Zufallsprozesse, dann ist aber trotzdem unser Problem der Begründungsfähigkeit von Theorien noch nicht unbedingt gelöst. Denn nach dieser Sichtweise würden Wissenschaftler eine Theorie annehmen oder ablehnen, weil sich die Hirnteilchen zufällig in die eine oder in die andere Richtung bewegen, und dies wäre völlig unabhängig vom tatsächlichen Wahrheitswert. Die richtige Deutung der QM ist heute noch umstritten und die Willensfreiheit lässt sich vielleicht niemals wirklich begründen, weil vielleicht immer entgegengehalten werden kann, unser Glaube an derartige Argumente könnte determiniert sein. Was man jedoch von der Wissenschaft verlangen kann, ist, dass sie zumindest selbstkonsistent sein soll. Behaupten Wissenschaftler die (partielle) Wahrheit von Theorien, so sollte wenigstens die prinzipielle Möglichkeit einer Wahrheitsbegründung gegeben sein. Das Postulat der Willensfreiheit (in der Form der Begründungsfähigkeit) ist somit eine Grundlage für wissenschaftliche Untersuchungen mit dem Anspruch auf Wahrheitsfindung, und die aufgestellten Theorien dürfen dieses Postulat nicht verletzen. Die newtonsche Physik entzog den Wissenschaftlern die Grundlage für eine glaubwürdige Wahrheitsbegründung (im Fall, dass der Verstand völlig vom Gehirn abhängt); die Zufallsinterpretation der QM ermöglicht hier einen Ausweg. Es mag sein, dass die Fähigkeit zur Wahrheitsbegründung bereits gegeben sein kann bei einer geschickten Mischung von Zufall und Notwendigkeit – zufällige Variation der Gedanken und notwendige Selektion der richtigen. Der Glaube daran könnte jedoch wieder determiniert sein. Nach der synthetischen Evolutionstheorie und der darauf aufbauenden Evolutionären Erkenntnistheorie (Vollmer 1983) sind unsere biologischen Erkenntnisformen im Wechsel von Zufall und Notwendigkeit entstanden: zufällige evolutionäre Variation der Denkstrukturen und notwendige Auswahl der (teilweise) richtigen durch die Umwelt. Und in der Hirnforschung hofft Edelman, seine Wahrnehmungstheorie des neuronalen Darwinismus (Variation und Selektion von Neuronengruppen) auf das Denken erweitern zu können (Edelman 1989, 1993). (Man könnte natürlich auch auf die Idee kommen, die Teleonomie für das Wahrheitsproblem heranzuziehen: Wir können die Wahrheit finden, weil es das Ziel der sozialen Dynamik ist, die Wahrheit zu finden. Aber wann hätten wir dieses Ziel erreicht? Heute? In hundert oder tausend Jahren? Im Mittelalter glaubten bereits viele Menschen, die Wahrheit gefunden zu haben.)

Ob es tatsächlich Willensfreiheit gibt, lässt sich heute nicht entscheiden. Viele bekannte Phänomene aus Psychologie und Neurophysiologie scheinen eher gegen unser introspektives Freiheitsgefühl zu sprechen – „Beweise" können aber experimentelle Daten nicht geben, insbesondere weil die QM nahe legt, dass Vorgänge in der Beobachtung verändert werden und dass somit Beobachtungsdaten die Wirklichkeit nicht unbedingt spiegelbildlich wiedergeben. Während Hirnoperationen lassen sich Gedanken und Erinnerungen durch elektrische Stimulationen auslösen, scheinen also naturwissenschaftlichen Gesetzen zu unterliegen (Penfield & Roberts 1959). EEG-Studien haben gezeigt, dass die vorbereitenden physiologischen Prozesse der Hirnrinde (Bereitschaftspotenziale) bereits ungefähr 350 ms vor der bewussten Willensintention einer Handlung auftreten (Deecke et al. 1976; Libet 1993); die

Handlungsfreiheit müsste also auf der unbewussten Ebene stattfinden, will man z. B. keine Retrokausalität oder Zeitschleifen annehmen (Penrose 1994). Noch problematischer für die Willensfreiheit sind die von Parapsychologen behaupteten Präkognitionseffekte (Zukunftsvorhersagen). Und in der Hypnose soll es möglich sein, einer Person einen posthypnotischen Befehl zu geben, den die Person später tatsächlich ausführt. Fragt man sie dann, warum sie die Handlung ausgeführt habe, so erfindet sie irgendwelche Gründe, ohne zu wissen, dass sie es tat, weil der Hypnotiseur es befohlen hatte. Unsere tagtäglichen Handlungen und Gedanken könnten ebenso auf unbekannte Weise festgelegt sein. Dies würde dann allerdings auch für den Glauben vieler Wissenschaftler an die Wahrheit ihrer Theorien gelten. Auch die Philosophen, wir alle, wären dann Marionetten an den Fäden der Naturgesetze, durch die wir auf der großen Bühne der Welt unsere Rollen spielten.

Dass ein Ereignis nicht durch eine Ursache bzw. einen Ursachenkomplex eindeutig hervorgebracht sein soll, kann man sich, wenn man genau darüber nachdenkt, gar nicht vorstellen. Insofern hatte Einstein sicherlich Recht, dass er die Kopenhagener Interpretation so heftig kritisierte. Die Grundeinstellung der naturwissenschaftlichen Forschung ist, dass Ereignisse durch andere Ereignisse in der Zeit davor bewirkt werden, welche es zu entdecken gilt. Interessanterweise kommt man aber auch bei dieser Grundeinstellung, wenn man sie konsequent weiter verfolgt, zu Ideen, die man vom intuitiven Standpunkt aus betrachtet eigentlich gar nicht verstehen kann: Ein Ereignis wurde durch ein vorheriges Ereignis, richtiger ausgedrückt durch ein Ereigniskomplex, bewirkt, dieser Ereigniskomplex wiederum durch andere Ereignisse, die noch weiter in der Vergangenheit zurückliegend geschahen, diese wiederum durch Ereignisse, die noch weiter zurückliegend geschahen usw. Dass diese Ereigniskette bis in die Unendlichkeit zurückreiche, d.h. niemals aufhöre, kann man sich intuitiv kaum vorstellen oder ist zumindest ähnlich kontraintuitiv wie der Zufall. So argumentierte Kant in seiner *„Kritik der reinen Vernunft"* gegen die These der unendlichen Vergangenheit folgendermaßen (Kant 1982: 468): „man nehme an, die Welt habe der Zeit nach keinen Anfang: so ist bis zu jedem gegebenen Zeitpunkte eine Ewigkeit abgelaufen, und mithin eine unendliche Reihe auf einander folgender Zustände der Dinge der Welt verflossen. Nun besteht aber eben darin die Unendlichkeit einer Reihe, daß sie durch sukzessive Synthesis niemals vollendet sein kann. Also ist eine unendliche verflossene Weltreihe unmöglich". Wenn aber diese Ereigniskette irgendwann in der fernsten Vergangenheit begann, wie ist dieser Beginn aus dem Nichts möglich? In der Kosmologie wird angenommen, dass das Universum im Urknall aus dem Vakuum entstand, das Vakuum ist aber in der heutigen Physik nicht einfach nichts. Bei unserer Problematik des anfänglichen Beginnens der Ursachenkette müsste man also fragen, ob das Vakuum schon immer bestanden habe oder ob es plötzlich aus dem wirklichen Nichts entstanden sei. Beides ist kontraintuitiv, aber eines von beiden muss man wohl annehmen. Nimmt man einmal an, es sei tatsächlich plötzlich aus dem Nichts entstanden, so wäre das ein zufälliges Ereignis ohne vorherige Wirkung. Wenn aber schon dieser Anfangszufall stattgefunden haben soll, könnte es den Zufall dann nicht öfter geben? Was einmal möglich war, könnte öfter möglich sein; ob wir uns das nun intuitiv plausibel machen können oder nicht. Dass es so etwas wie die unendliche Vergangenheit gegeben haben soll, ist genauso kontraintuitiv wie der Zufall, aber in der Natur gibt es anscheinend Dinge oder Prinzipien, die zu durchschauen unsere (heutigen) Denkkategorien ungeeignet sind. Bei der Entstehung des Universums im Urknall aus dem Vakuum wäre schon bemerkenswert, dass dadurch gemäß der Allgemeinen Relativitätstheorie auch die Raumzeit entstanden wäre. Danach könnte man vielleicht gar nicht mehr sagen, dass es vor dem Urknall überhaupt ein „davor", die Zeit, gab. Eine Vereinigung der ART mit der QM steht aber noch aus, und es bleibt abzuwarten, wie diese Theorie aussehen wird.

Zusammenfassend lässt sich feststellen, dass es in der Natur Vorgänge gibt oder gab, die wir intuitiv unplausibel finden, und aus diesem Grund kann man sich als revidierbare Hypothese denjenigen Physikern anschließen, die die quantenmechanischen Vorgänge (oder vielleicht auch tiefer liegendere) für Zufallsprozesse halten (andernfalls wären es Pseudorandomisationen).

3.12 Zusammenfassung der Weltauffassung

Nachdem in den vorangegangenen Abschnitten die Grundbegriffe ausführlich erläutert worden sind, kann nun die kurze Skizze der WWA vom Anfang von Kapitel 3 wiederholt werden, wobei diesmal allen Lesern die hierin benutzten Begriffe vollständig bekannt sind:

Die Welt besteht aus einer allgegenwärtigen, unbeobachtbaren Grundsubstanz; einem Äther, einem Urmateriefeld oder einer prima materia. In dieser Grundsubstanz sind die Naturgesetze als Information implementiert, welche die Entstehung von beobachtbaren Phänomenen und deren Bewegungsformen steuern. In Vorgängen der Emergenz entstehen bzw. entstanden aus dem Äther das gesamte Universum: die beobachtbare Materie, die Raumzeit, Bewusstsein und andere Phänomene. Aus dem Äther, oder wie man zur Zeit in der Physik sagt aus dem Vakuum, ist vor mehreren Milliarden Jahren in einem Urknall die beobachtbare Materie entstanden, das Universum dehnt sich seitdem beständig aus und die zunächst fast vollständig homogene oder chaotische Verteilung der sogenannten Elementarteilchen mit ihren Wechselwirkungen hat sich im Lauf der Zeit in einem Prozess der Selbstorganisation zusammengelagert zu immer komplexeren Systemen, die einer ständigen Evolution unterliegen: zu Atomen, Molekülen, Organismen, Gesellschaften und Gesellschaftssystemen. Obwohl alle diese Objekte aus mehreren Teilobjekten bestehen, sind sie in der Lage, als zusammengehörende Einheiten zu wirken. Die Abgrenzung von zusammengehörenden Einheiten gegenüber der Umwelt ist allerdings oft nicht vollständig; so können einzelne Einheiten selbst wieder Teile von übergeordneten Gesamtsystemen sein. Die Organe eines Körpers (Magen, Herz, Hirn etc.) bilden zwar voneinander getrennte Gesamtkomplexe, sind aber dennoch Teile des gesamten Lebewesens. Tatsächlich besitzen viele der im Lauf der Selbstorganisation entstandenen realen Objekte eine sehr komplexe Schachtelungsstruktur. Dieser Schachtelung der realen Objekte entspricht auf der Ebene der Naturgesetze, die diese Objekte steuern, eine hierarchische Struktur, die als Schichtung bezeichnet wird. Die untersten Schichten werden gebildet von den Bewegungsgesetzen der einfachsten Objekte wie der leblosen Materie, darüber liegt die Schicht der biologischen Gesetze, darüber die der

Psychologie, der Soziologie und der Wissenschaft von den internationalen Beziehungen. Leblose Materie wird von den Gesetzen der Physik und Chemie gesteuert; sind aber beispielsweise Ionen Teile eines Körpers, so werden ihre physikalischen Gesetze den Gesetzen der Biologie angepasst; Menschen sind Teile einer Gesellschaft und ihr psychologisches Verhalten wird von sozialen Gesetzen mitbestimmt. Die Konzeption einer Schichtung der Naturgesetze besagt somit, dass die schichthöheren Naturgesetze die genaue Ausgestaltung der niederen bestimmen. Dies bezeichnet man auch als Abwärtskausalität; die höhere Systemebene beeinflusst das Verhalten der niederen. Bei Mikroobjekten (Elementarteilchen) und Aggregaten mit geringer Teilchenanzahl scheinen Zufallsprozesse eine wichtige Rolle zu spielen, wohingegen das Verhalten von Makroobjekten, die sich aus sehr vielen Bestandteilen zusammensetzen, dem Kausalitätsprinzip unterliegt, wobei sich allerdings das Zufallsverhalten von Mikroobjekten in bestimmten Situationen auch auf das Verhalten der Makroprozesse übertragen kann. Das Kausalitätsprinzip besagt, dass Bewegungsänderungen eines Objektes durch äußere Ursachen hervorgerufen werden, aber bei komplexeren Systemen wie den Prozessen innerhalb eines Organismus oder des gesamten Lebewesens sind die Bewegungsabläufe zumeist auch teleonom, d.h. zielgerichtet.

4. Antinomien

In Abschnitt 3.11 ist dargelegt worden, dass man sich den Zufall eigentlich gar nicht denken kann, dass aber die vollständige Kausalität richtig durchdacht ebenfalls zu unverständlichen Annahmen führt. Man kann sich derzeit weder vorstellen, dass es die Zeit schon immer gegeben hat, noch dass es plötzlich einen Anfang der Zeit gab.[1] Und weder kann man sich vorstellen, dass die prima materia bzw. der Äther schon immer existiert hat, noch dass dieses Etwas plötzlich aus dem absoluten Nichts entstanden sein soll. Warum gibt es etwas und nicht nichts? Wir stoßen hier auf tiefe metaphysische Fragen, die die Menschen wohl nie beantworten werden. Zu einer weiteren Antinomie dieser Art kommt man, wenn man sich fragt, ob die Welt ein Kontinuum ist oder aus diskreten Bestandteilen besteht. Ein Kontinuum bedeutet mathematisch, dass es zwischen irgendwelchen zwei Punkten einer Strecke unendlich viele andere Punkte gibt. Man kann sich das so veranschaulichen, dass man die zwischen zwei Punkten liegende Strecke in Gedanken halbiert, eine Hälfte davon nimmt und wieder halbiert, davon eine Hälfte abermals halbiert usw. Dass man eine Strecke auf diese Weise in unendlich viele

---

[1] Es bleibt abzuwarten, ob die Wissenschaft in Zukunft für dieses Zeitproblem einen Ausweg finden wird. Sollte es der Physik in Zukunft gelingen, eine neue Gravitationstheorie zu entdecken, evtl. die ART mit der QM derart zu vereinen, dass die Raumzeit aus einer tiefer liegenderen Schicht, dem Vakuum bzw. Äther, entstanden ist, so wird aber vermutlich diese Theorie noch abstrakter, kontraintuitiver und noch weniger verstehbar sein als die QM und die ART, insbesondere falls die tiefer liegenderen Strukturen nicht wieder auf irgendeine andere Weise raumzeitlich sein sollten.

kleinere Strecken zerlegen kann, ist intuitiv sehr unplausibel. Wie kann es Unendlichkeiten geben?[1]

Der antike griechische Philosoph Zenon war wegen der Kontinuumauffassung der Meinung, Bewegung könne es gar nicht geben, denn bei der Bewegung eines Objektes von einem Ort zu einem anderen müsste das Objekt unendlich viele Punkte durchlaufen; wegen dieser unendlichen Anzahl könnte es somit den Ort nie erreichen. Stellt man sich andererseits vor, die Welt würde aus diskreten Einheiten bestehen, dann kann man sich nicht plausibel machen, wie die Welt eine zusammenhängende Einheit bilden kann. Müsste dann die Welt nicht in beziehungslose, voneinander getrennte Atome bzw. Elementarteile zerfallen? Dieses Problem kann man sich gut verdeutlichen, wenn man sich fragt, wie Anziehungskräfte in einer vollkommen diskreten Welt wirken könnten, was schon einmal in Abschnitt 3.1 über den Äther angesprochen worden ist. Wenn ein Körper als gravitative oder elektrische Anziehungskraft Kraftteilchen zu einem anderen Körper ausstrahlt, wie könnten diese Kraftteilchen das zweite Objekt dazu bringen, sich in die richtige Richtung zu bewegen? Müsste nicht das auftreffende Kraftteilchen das Objekt beim Aufprall wegstoßen, anstatt es zum ersten Objekt zu ziehen? Die physikalischen Kräfte werden heutzutage durch Quantenfeldtheorien beschrieben und nach diesen Theorien gibt es Felder, die sich aus Quanten (bzw. Teilchenerzeugungsoperatoren) zusammensetzen; Quantenfelder sind Entitäten, die gleichzeitig Felder und diskrete Quanten sind, sie sind sozusagen schwarze Schimmel. Die Quantenfeldtheorien sind zwar sehr erfolgreiche Theorien, mit ihnen kann man aber nicht die tiefliegenden konzeptuellen Probleme der Physik lösen. Den Welle-Teilchen Dualismus kann man im Rahmen der hier vertretenen Weltauffassung so deuten, dass die Informationsverarbeitung im Äther in Form von Wellen verläuft und dass die vom Äther hervorgebrachten Objekte der Realität teilchenförmig sind. Das wesentlich fundamentalere Problem, ob die Welt (also auch das Vakuum) ein Kontinuum oder diskret ist, hat man dadurch aber noch nicht gelöst; dieses Problem ist grundlegender und unabhängig von den Problemen der

---

[1] In der Mathematik wird mit Unendlichkeiten gehandhabt, dies löst aber noch nicht das Problem, wie Derartiges in der *Wirklichkeit* möglich sein kann.

QM.[1] Wie könnten zwei kleinste Intervalle zusammenhalten, wenn zwischen ihnen das völlige Nichts wäre? Auf der anderen Seite, bei einer Kontinuumvorstellung, wie kann es sein, dass zwischen irgendwelchen zwei Punkten unendlich viele andere liegen? (Vom physikalischen Standpunkt aus betrachtet ist jedoch das Unendlichkeitsproblem beim Kontinuum weniger gravierend als die völlige Leere zwischen diskret-atomaren Bestandteilen.)

Antinomien wie Kontinuum versus Diskretheit, Anfang der Zeit versus unendliche Zeit, Zufall versus Notwendigkeit, Entstehung aus dem Nichts versus ewige Existenz legen den Verdacht nahe, dass unsere Denkstrukturen bei fundamentalen Fragestellungen unbrauchbar sind. Wir können mit unserer Denkfähigkeit sehr viel erkennen, aber „was die Welt im Innersten zusammenhält" – um es mit Goethes Faust zu sagen – vielleicht nie. Nicolai Hartmann sprach bei diesen scheinbar unlösbaren Problemen vom irrationalen Rest.

Dass wir die Welt, wie sie unabhängig vom erkennenden Subjekt ist, dass wir das „Ding an sich" nicht erkennen könnten, wurde vor allem von Immanuel Kant vertreten, dem auch das Verdienst zukommt, uns auf Antinomien aufmerksam gemacht zu haben. Seiner Meinung nach könnten wir die Welt (das Ding an sich) nicht erkennen, weil all unser Wissen darüber von unseren subjektiven Denkstrukturen hervorgebracht wird. Dass wir die Welt nur mit unseren Denkstrukturen erkennen, kann nicht bezweifelt werden. Das bedeutet aber noch nicht, dass wir deshalb notwendigerweise unwissend über die Welt wären. Kant ist an diesem Punkt mit seiner Kritik entweder zu weit gegangen oder nicht weit genug. Er ist mit seiner Kritik zu weit gegangen, weil er voreilig meinte, mit subjektiven Denkstrukturen könnte man prinzipiell keine Wirklichkeitsstrukturen erkennen. Er ist mit seiner Kritik nicht weit genug gegangen, insofern er in seiner *„Kritik der reinen Vernunft"* annimmt, zumindest unseren Denkapparat und seinem Funktionieren sehr genau zu kennen; er kritisierte zwar unser Vermögen, die Welt zu erkennen, er kritisierte aber nicht hinreichend sein Vermögen, unseren

---

[1] Heisenberg (1990) hat vorgeschlagen, kleinste Längeneinheiten einzuführen und somit die Raumzeit zu diskretisieren. Die Frage, warum die Welt trotzdem zusammenhält, hat er aber nicht behandelt.

Erkenntnisapparat zu erkennen. Er behandelte nicht die Frage, wie unsere Denkstrukturen entstanden sein könnten, und hat nicht bedacht, dass sie variabel sein könnten.

Heutzutage wird die Frage nach der Entstehung unserer Denkstrukturen von der Evolutionären Erkenntnistheorie behandelt (z. B. Vollmer 1983). Nach dieser Theorie ist unser Erkenntnisapparat ein Ergebnis der Evolution, und die subjektiven Erkenntnisstrukturen (der Wahrnehmungserkenntnis) passen zumindest teilweise (und vielleicht nur in grober Form) auf die Welt, weil sie sich im Lauf der Evolution in Anpassung an diese Welt herausgebildet haben; und sie stimmen mit wirklichen Strukturen (teilweise) überein, weil nur eine solche Übereinstimmung das Überleben ermöglichte. Zusätzlich zu den phylogenetisch entstandenen und vererbbaren Wahrnehmungs- und Denkstrukturen entstehen aber während der Ontogenese, vor allem in der Kindheit, viele individuelle und variable Denkstrukturen. Hier war es Jean Piaget (1973, 1974), der darauf hinwies, dass sich unsere ontogenetisch entstehenden Denkstrukturen im handelnden Umgang mit der Umwelt herausbilden. Nach Piaget werden in der frühen Kindheit unsere Denkstrukturen solange variiert, bis sie auf die Umwelt passen, auch wenn es dadurch in uns zu keiner spiegelbildlichen Repräsentation der Umwelt komme. Statt einer spiegelbildlichen Repräsentation gibt es vermutlich nur eine Homomorphie (Strukturähnlichkeit) unserer „Erkenntnisse" mit Wirklichkeitsstrukturen (zumindest was die Prozesse im Äther betrifft). Diesbezüglich habe ich schon in meinem Buch über *„Das Realismusproblem in der Quantenmechanik"* Folgendes vermutet: „Unsere Wahrnehmung gibt kein Spiegelbild der Realität; vielmehr wird die Information, die von der Realität in unseren Erkenntnisapparat gelangt, transformiert und diese Transformation in die Form unserer Wahrnehmungsobjekte vollzieht sich im Akt der Beobachtung. (Aus der Hirnforschung ist bekannt, dass die von den Sinnesorganen aufgenommene Information im Gehirn mehrfach transformiert wird, so dass angezweifelt werden kann, dass trotzdem eine spiegelbildliche Repräsentation der Außenwelt entsteht.) Da bei einer Transformation in der Regel einige Strukturen unverändert bleiben, die Invarianten, ist zu vermuten, dass unsere Wahrnehmungswelt trotzdem einige Realstrukturen wiedergibt, und die Frage ist, welche das sind" (Arendes 2023a: 108).

Um richtig handeln und dadurch überleben zu können, darf unser Wissen nicht völlig falsch sein. Wir stehen der Welt vermutlich nicht gegenüber, als würden wir vor einem Fernseher sitzen, sondern nehmen handelnd daran teil. Kants Sichtweise suggeriert, wir könnten im Urwald einen Tiger für einen hübschen Kanarienvogel halten, die evolutionären Erkenntnistheoretiker verweisen demgegenüber darauf, dass Lebewesen mit derartig falschen Denkstrukturen nicht lange überleben und somit keine Nachkommen großziehen werden. Bei derartigen evolutionären Argumentationen muss man allerdings darauf achten, nicht einem logischen Zirkel zu unterliegen, etwa von der folgenden Art: Unsere Denkstrukturen passen auf die Welt, weil sie sich im Lauf der Evolution als Anpassung an die Welt entwickelt haben; unsere Evolutionstheorie ist wahr, weil wir sie mit unserem Denkvermögen begründen können; und unser Denkvermögen ist richtig, weil unsere Evolutionstheorie dies erklären kann. Ohne hier näher auf erkenntnistheoretische Probleme einzugehen (vgl. Arendes 2023a; 2024), kann man allgemein feststellen, dass wir zur Zeit keine letztgültigen Beweise für unsere Theorien haben. Wie vor allem Popper (1995) hervorhob, ist all unser Wissen nur Vermutungswissen. Vermutet man aber, dass wir ein handelnder Teil dieser Welt sind, dann ist die Aussage plausibel, dass unsere Denkstrukturen zumindest teilweise und in vielleicht nur grober Form auf die Wirklichkeit passen. Hervorgehoben werden muss aber auch, dass sogenannte kleine Abweichungen unserer Theorien von der Wirklichkeit auf weltanschaulicher Ebene große Auswirkungen haben können. Newtons Theorien sind auf quantitativer Ebene Approximationen an unsere heutigen physikalischen Theorien, auf der weltanschaulichen Ebene hat aber der Übergang von Newtons Theorien zur ART und zur QM drastische Auswirkungen gehabt. Zu Beginn dieses Abschnittes sind mit Blick auf die Antinomien einige Grenzen unserer Erkenntnis angesprochen worden und ebenso wie der Übergang von Newtons Theorien zur QM drastische naturphilosophische Konsequenzen hatte, könnte auch die wissenschaftliche Weltauffassung starken Veränderungen unterliegen, wenn man die Auflösung der antinomischen Rätsel kennen würde. Dies bleibt immer zu bedenken, wenn man über Weltauffassungen nachdenkt. Mit unseren heutigen Denkstrukturen kann man viel erkennen, aber wohl kaum alles.

Teil II:

Leitideen für die wissenschaftliche Forschung

Wissenschaftliche Theorien lassen sich zwar nicht beweisen, haben aber einen großen praktischen Nutzen; der Ingenieur baut seine technischen Geräte auf der Grundlage physikalischer Gesetze und die moderne Medizin greift vielfach auf unser physikalisches, chemisches und biologisches Wissen zurück. Dass man Theorien bei alltäglichen Problemen praktisch anwenden kann, legt einerseits nahe, dass sie tatsächlich irgendwelche Strukturen der Wirklichkeit erfassen. Andererseits werden auch die möglichen negativen Auswirkungen der Anwendungen (atomare, chemische, biologische Verseuchung usw.) immer klarer sichtbar, so dass nicht nur jede konkrete Nutzung einer Theorie nach rechtlichen und moralischen Erwägungen erfolgen muss, vielmehr muss man sich bereits bei der Forschungsplanung überlegen, ob die Menschen im Allgemeinen und die Politiker im Besonderen moralisch in der Lage sind, mit den möglichen Ergebnissen der Forschung verantwortungsbewusst umzugehen. Eine derartige verantwortungsbewusste Auswahl der Forschungsprojekte muss nicht nur durch jeden einzelnen Forscher erfolgen, sondern auch durch die gesamte Gesellschaft, da der einzelne und in spezifische Fachfragen versunkene Wissenschaftler die Konsequenzen seiner Forschungen oft nicht einzuschätzen vermag. Da die Gesellschaft für umfangreiche Forschungsprojekte den Wissenschaftlern sehr viel Geld zur Verfügung stellt, hat sie dadurch auch das Recht, die Art der Verwendung der Steuergelder mitzubestimmen. Diese Kontrolle muss aber natürlich nach rechtsstaatlichen Prinzipien erfolgen, wofür ein öffentlicher Dialog über Nutzen und Gefahren die Voraussetzung bildet.

Eine naturphilosophische Weltauffassung lässt sich einerseits ebenso wie die wissenschaftlichen Theorien nicht beweisen, da sie auf diesen aufbaut, andererseits hat eine Weltauffassung nicht den direkten praktischen Nutzen wie wissenschaftliche Theorien. Auf lange Sicht betrachtet hat aber auch eine Weltauffassung praktische Konsequenzen und zwar in mehrfacher Hinsicht. Da wir selbst ein Bestandteil der Welt sind, hat zunächst einmal eine Weltauffassung Auswirkungen auf unser Selbstwertgefühl. Ob wir glauben, nur eine Ansammlung materieller Atome zu sein oder nicht, und ob wir eine Existenz nach dem Tod für möglich halten oder nicht, kann unser tägliches Lebensgefühl stark beeinflussen. Psychologisch wirkt sich dann dieses Selbstwert- und

Lebensgefühl auch auf unser moralisches Verhalten aus. Ob man nach sozialdarwinistischer Manier andere Menschen bekämpft, um für die eigene verbliebene Lebenszeit möglichst viele Konsumgüter zu erhalten, oder ob man sich für die Mitmenschen einsetzt, wird nicht nur durch den persönlichen Charakter, den man sich zu einem großen Teil nicht aussuchen konnte, bestimmt, sondern auch durch die Welt- und Lebenseinstellung. Eine weitere praktische Konsequenz einer Weltauffassung ist, dass sie den Wissenschaftlern Leitideen für ihre Forschungen geben kann. Insofern durch eine Weltauffassung neue Theorien mit praktischen Anwendungsmöglichkeiten angeregt werden können, hat auch eine philosophische Grundeinstellung enorme praktische Konsequenzen. Das technische Niveau unserer Gesellschaften hätte zum Beispiel der Westen nicht erreichen können, wenn sich nicht im 17. Jahrhundert das neuzeitliche physikalisch-chemische Weltbild gegenüber dem aristotelisch-scholastischen durchgesetzt hätte. Die Technik hat uns zwar auch viele Probleme bereitet, aber wohl kaum jemand wünscht sich zurück ins Mittelalter.

Der Rest des Buches soll daraus bestehen, einige Ideen zu entwickeln, die man auf der Basis der hier ausgearbeiteten Weltauffassung formulieren kann und die den Wissenschaftlern Anregungen zu neuen Theorien geben können. Ebenso wie bei den wissenschaftlichen Theorien empirisch bestätigte Vorhersagen neuer Phänomene das Vertrauen in die Theorien erhöhen, so wird sich auch eine Weltauffassung in dem Maße durchsetzen, wie sie in der Wissenschaft zu neuen Theorien verhilft. Die hier vorgestellte WWA gibt vielfältige Hinweise, wie in den verschiedensten wissenschaftlichen Disziplinen einige ihrer Forschungsprobleme angegangen werden könnten. Dabei ergeben sich teilweise völlig neue Perspektiven, teilweise gibt unsere Weltauffassung nur neue Argumente dafür, welche der bereits existierenden Forschungsparadigmen bevorzugt werden sollten.

5. Systemwissenschaft

Die akademische Forschung ist in eine Vielzahl von Fakultäten unterteilt, zum Beispiel in Physik, Chemie, Biologie, Psychologie und Soziologie, welche man grob betrachtet den verschiedenen Systemschichten zuordnen kann, wie sie in einem früheren Abschnitt dargelegt worden sind. Bevor nun auf die verschiedenen spezialisierten Forschungsrichtungen eingegangen wird, ist noch einmal daran zu erinnern, dass die unterschiedlichen Seinsstufen Bestandteile der einen Wirklichkeit sind und dass es deshalb wichtig ist, zusätzlich zu den spezialisierten Fakultätsforschungen schichtenübergreifende Untersuchungen anzustellen. Das bedeutet, dass man in Zukunft – so wie es bereits ansatzweise z. B. im Rahmen von Hakens Synergetik oder im Rahmen der allgemeinen Systemtheorie geschieht (von Bertalanffy 1968; Rapoport 1988; Laszlo 1996) – in noch stärkerem Maße die Gemeinsamkeiten und Unterschiede der verschiedenen Schichten untersuchen sollte. Dies kann zunächst auch von Wissenschaftsphilosophen geleistet werden (wie es der Philosoph Hartmann getan hatte) und wird schon von einigen Wissenschaftlern der unterschiedlichsten Fachbereiche getan. Aber irgendwann wird eine systematische Zusammenstellung von Gemeinsamkeiten und Verschiedenheiten der Systemebenen zu Hypothesen und allgemeinen Theorien führen, die man experimentell testen muss, so dass sich die „Allgemeine Systemtheorie" zu einer eigenständigen Wissenschaft entwickeln sollte. Wichtige Forschungsfragen einer solchen Wissenschaft sind beispielsweise, wie die einzelnen Stufen entstehen (dies wäre Teil einer allgemeinen Evolutionstheorie), wie die Stufen aufeinander aufbauen und miteinander in einem Wirkungszusammenhang stehen (für die einzelnen Unterschichten der biologischen Hauptschicht hat hier Chauvet schon viel geleistet, eine Übertragbarkeit seiner Ideen auf andere Schichtzusammenhänge muss aber noch untersucht werden), und ob man aus einem besseren Verständnis der Stufenfolge vorhersagen kann, auf welche Weise neue Systemebenen mit was für neuen

Eigenschaften entstehen können (dies wäre Teil einer allgemeinen Theorie der Emergenz und Selbstorganisation).

6. Physik

Die hier dargelegte WWA bezieht sich zwar nicht ausschließlich auf die Physik, sondern umfasst auch die Besonderheiten der anderen Wissenschaften, da sich aber die Physik mit der niedrigsten Systemebene beschäftigt, hat sie eine im wörtlichen Sinn verstandene grundlegende Bedeutung für unsere Weltauffassung, denn höhere Systemebenen kann es nur geben, wenn es die niedrigste ermöglicht. Aus diesem Grund war bei der Ausarbeitung der Weltauffassung immer wieder auf die Physik zu sprechen gekommen, und unsere Lösung des wichtigsten Problems der Physik, die Deutung der QM, soll hier noch einmal kurz zusammengefasst werden, um anschließend darzulegen, in welche Richtung man in Zukunft in der Physik weiter forschen sollte.

Nach unserer WA ist die QM bzw. QFT so zu verstehen, dass ihre Naturgesetze im Vakuum bzw. Äther ähnlich verankert sind wie die Software in der Hardware eines Computers. Die beobachtbare Welt geht aus dem Äther als Emergenzphänomen hervor, so wie der Inhalt eines Bildschirms vom Computer erzeugt wird. Die bei einer quantenmechanischen Messung stattfindende Reduktion der Wellenfunktion ist deshalb nicht durch die Bewegungsgleichungen der QM beschreibbar, da es sich um eine vollständig neue Vorgangsart handelt, die man eher als eine Projektion des Objektes in die Raumzeit betrachten kann; physikalisch beschreibbar vielleicht als Feldanregung, ähnlich wie es Heisenberg (1967), Pauli und in seiner späteren Forschungsphase Bohm annahmen.

Hinsichtlich des Problems der Reduktion der Zustandsfunktion beziehungsweise des Problems der Entstehung klassischer Eigenschaften sind in neuerer Zeit besonders die Untersuchungen zur Dekohärenz sehr vielversprechend. Zeh vermutete bereits 1970, dass klassische Eigenschaften eines Systems auf dessen irreversiblen Wechselwirkung mit der Umgebung beruhen, dass somit klassische Eigenschaften durch die Umgebung erzeugt werden. Durch die Verschränkung des Objekts mit den Freiheitsgraden der Umwelt werden Informationen über die Quanteneigenschaften des Objekts auf die Umwelt übertragen und deshalb am Objekt nicht mehr beobachtbar. Mit Blick auf die quantenmechanische Zustandsfunktion bedeutet das, dass die Interferenzterme, die bei der Wechselwirkung des Objektes beispielsweise mit dem Messgerät entstehen, verschwinden. In neuerer Zeit forschte insbesondere Zurek (1991; 2002) auf diesem Gebiet und erkannte, dass bei der Dekohärenz die Thermodynamik eine entscheidende Rolle spielt. Durch Dekohärenz verschwinden die Interferenzen der Wellenfunktion, und vielleicht kann man für die QM das Postulat aufstellen, dass nach Verschwinden aller Interferenzterme (und evtl. bei Erfüllung weiterer Bedingungen) die betreffende Eigenschaft von der Potentialität in die Aktualität übergeht, um es mit Heisenbergs Worten auszudrücken. Eine zweite wichtige Forschungsrichtung ist, die gesamte Raumzeit aus dem Äther entstehen zu lassen, ähnlich wie der auf einem Bildschirm abgebildete Raum vom Computer erzeugt wird. In diese Richtung gehen zum Beispiel die Überlegungen von Schmutzer (1996), wonach unsere vierdimensionale Raumzeit durch die Projektion aus einer Fünfdimensionalität hervorgeht, und in der Theorie von Burkhard Heim ist die Raumzeit Teil einer Sechs- oder Zwölfdimensionalität, wobei die beobachtbaren Objekte in die Raumzeit projiziert werden (Heim 1983, 1989; Dröscher, Heim 1996; Heim, Dröscher 1985). Diese Forschungsprojekte könnten auch Teile einer dritten wichtigen Forschungsrichtung sein, nämlich Teile einer allgemeinen Emergenztheorie zur Erklärung der Entstehung neuer Phänomene, wie es in Abschnitt 3.4 über Emergenz erläutert wird.

Zusätzlich zu diesen Forschungsaufgaben sind von der Biophysik weitere wichtige Arbeiten zu leisten, was im nächsten Kapitel über Biologie besprochen wird.

7. Biologie

In diesem Kapitel werden Leitideen für die biologische Forschung besprochen. Leitideen für die Biologie habe ich bereits sehr umfangreich in meinem Buch über das Computer-Weltbild (Arendes 2024) herausgearbeitet, und da diese Leitideen auf die hier beschriebene WWA übertragbar sind, sollen sie an dieser Stelle nicht noch einmal in allen Details dargestellt werden. Ich werde deshalb diesbezüglich nur einige Grundgedanken skizzieren, jedoch wurden in meinem Buch über das Computer-Weltbild Leitideen für die Evolutionsforschung noch nicht detailliert behandelt, was deshalb hier neu hinzukommt.

7.1 Teleonomie

Wie in Abschnitt 3.10 über Teleonomie beschrieben wurde, scheinen die Prozesse in einem Organismus zielgerichtet, zur Erfüllung bestimmter lebenswichtiger Funktionen abzulaufen. Da es bislang noch nicht auf eine befriedigende Weise gelungen ist, diese Teleonomie mit den Gesetzen der Physik zu vereinbaren, glauben manche Philosophen und Wissenschaftler, diese scheinbare Zielgerichtetheit auf kausale Weise, d.h. auf bisher übliche mechanistische Weise erklären zu können bzw. zu müssen. Auf der anderen Seite glaubten gerade viele Begründer der QM, zum Beispiel Bohr, Heisenberg, Schrödinger und Wigner, dass für biologische Prozesse neuartige Gesetze gefunden werden müssen. Wie bereits erwähnt, nimmt Chauvet (1995) an, Funktionalität käme zustande dadurch, dass die Prozesse von Quellen in Senken liefen (was weiter unten genauer erläutert wird), und dies würde gesteuert von physikalischen Feldern, die Extremalprinzipien gehorchten. Extremalprinzipien werden von manchen Autoren in einem teleologischen bzw. teleonomen Sinne gedeutet. Da aber Extremalwert-Gesetze auch durch herkömmliche Differenzialgleichungen ausgedrückt werden können, welche alternativ als Ausdruck der mechanistischen Kausalität gedeutet werden, stellt sich die Frage, ob Extremalprinzipien wirklich eine befriedigende Erklärung der Teleonomie sind. Das Einlaufen in einen Attraktor, in eine Senke, verläuft in der Chaostheorie nach herkömmlichen deterministischen Differenzialgleichungen (DGL), so dass eine teleonome Deutung angezweifelt werden kann. Sollten biologische Prozesse tatsächlich teleonom sein, dann sollte es möglich sein, dies auch auf der Beschreibungsebene von DGLs genauer zu zeigen, was nun behandelt werden soll.

Differenzialgleichungen höherer Ordnung lassen sich schreiben als Systeme mehrerer Differenzialgleichungen erster Ordnung. Bei zwei Variablen x und y mit dem Zeitparameter t lautet ihre allgemeine Form: $\dot{x} = dx/dt = f(x,y)$, $\dot{y} = dy/dt = g(x,y)$. $\dot{x}$ und $\dot{y}$ geben die zeitlichen Veränderungen der Variablen x und y an, und $f(x,y)$ und $g(x,y)$ sind Funktionen dieser Variablen, die nichtlinear sein können. Zur Illustration soll das folgende System von Differenzialgleichungen mit dem zusätzlichen Parameter α besprochen werden (aus Hubbard & West 1995: 314):

$$\dot{x} = x^2 - y^2 + 1, \quad \dot{y} = y - x^2 - \alpha$$

Setzt man für α einen bestimmten Wert ein, so erhält man ein System nichtlinearer Differenzialgleichungen erster Ordnung, und die Relation der x- und y-Werte zueinander lässt sich wie in Abbildung 14 grafisch darstellen. Die Linien in den Diagrammen geben an, wie x und y einander zugeordnet sind, und die Pfeile auf den Linien zeigen, in welche Richtung sich ein System mit der Zeit verändert, wenn das System einen Punkt dieser Linie einnimmt. Für $\alpha = -2{,}0$ gibt es im linken oberen Quadranten einen Punkt, zu dem sich das System hin bewegt und wo es verbleibt, wenn das System anfangs in dem Umfeld dieses Punktes liegt. Einen derartigen Attraktor nennt man auch eine Senke. Eine Quelle hingegen liegt im rechten unteren Quadranten: Liegt das System genau an diesem Punkt, so bewegt es sich nicht, liegt es im Umfeld von diesem Punkt, so bewegt es sich von diesem Punkt weg, was durch den weg führenden Pfeil auf einer der Linien angedeutet wird. Für $\alpha = -2{,}0$ gibt es demnach Bereiche, von denen aus das System zur Senke gezogen wird, und Bereiche, von denen sich das System von der Quelle weg ins Unendliche bewegt. Die Abbildung zeigt außerdem, wie sich das Systemverhalten ändert, wenn man schrittweise den Wert von α erhöht. So gibt es für $\alpha = 0$ nur noch eine Senke und keine Quelle und für $\alpha = 2{,}0$ gibt es auch keine Senke mehr.

Das funktionelle Verhalten in der Biologie könnte man nun, wie bereits gesagt, als die Bewegung zu einem Attraktor deuten. Die funktionelle Zielsetzung wäre somit die Festlegung eines Attraktors, d.h. die funktionelle Einstellung der entsprechenden Parameterwerte (z. B. als Kontrollparameter der Synergetik). Sind erst einmal in einem System mit einem oder mehreren Parametern alle Parameter entsprechend dem angestrebten Attraktor eingestellt, so wird sich das System wie in der klassischen Physik mechanistisch (bzw. quasi-mechanistisch im Sinne der QM) vom Anfangszustand zum Attraktor hin bewegen. Es lassen sich somit zwei Vorgänge unterscheiden: 1. Funktionelle bzw. teleonome Einstellung der Parameterwerte und 2. mechanistisches Ablaufen des Systems weg vom Anfangszustand zum Attraktor.[1] Gibt es wie bei der toten Materie kein funktionelles Verhalten, so fällt Punkt 1 weg. (Wenn im Folgenden von kausalen Vorgängen als Abgrenzung zu teleonomen Vorgängen gesprochen wird, dann ist dieser mechanistische Punkt 2 mit gleichzeitiger Unveränderlichkeit in Punkt 1 gemeint.) Ebenso wie es bei Computerprogrammen Standardwerte (Default-Werte) gibt, die verändert werden können, aber nicht müssen, so enthalten bei der toten Materie die Naturgesetze raumzeitlich konstante (oder nur sehr langsam variable) Parameter, etwa die sogenannten Naturkonstanten. Leben (im biologischen Sinn) liegt vielleicht dann vor, wenn diese Parameter variiert werden können durch Vorgänge, die im Quantenvakuum ablaufen.

---

[1] Dabei muss das System nicht unbedingt ganz in den Attraktor einlaufen und kann vorher schon wieder woanders hin gesteuert werden. Zur Steuerung der Materie ist außerdem noch ein ganz anderer Vorgang denkbar, nämlich die Beeinflussung der quantenmechanischen Wahrscheinlichkeiten.

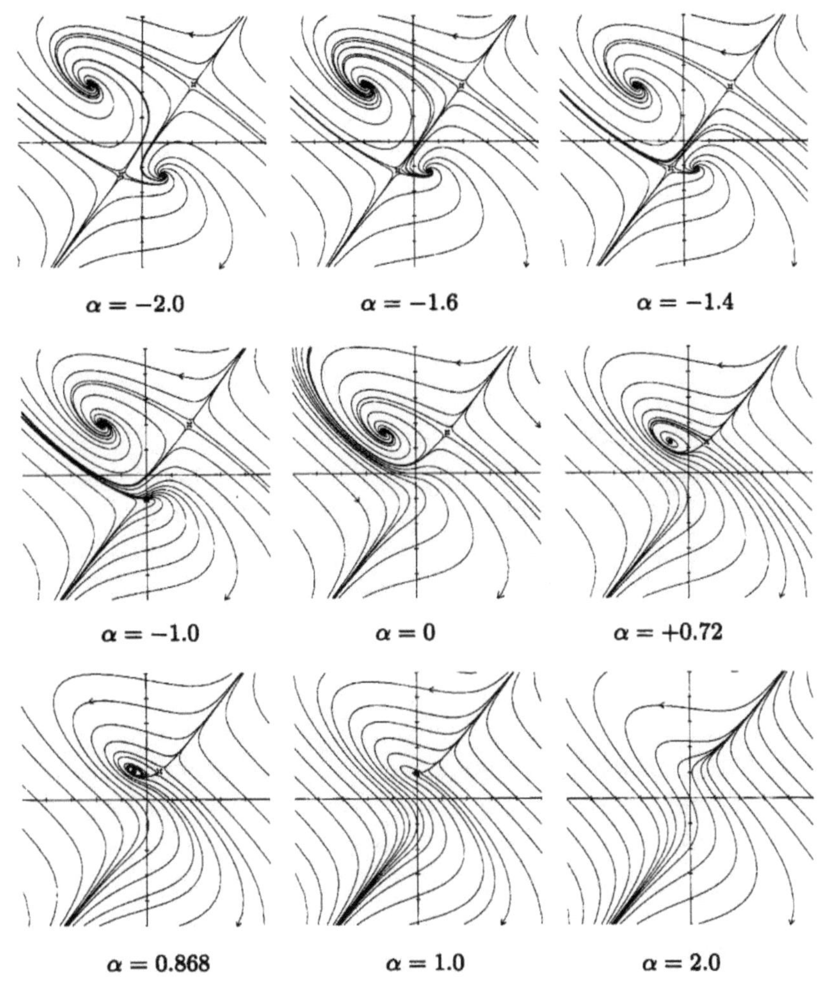

Abb. 14: *Phasendiagramme eines DGL-Systems (s. Text) für verschiedene Parameterwerte (aus Hubbard & West 1995: 316).*

Welcher Art könnte der funktionelle Teil der Naturgesetze (Punkt 1) sein, der die Parametereinstellung bewirkt? Wenn man bedenkt, dass man in der QM nur Wahrscheinlichkeitsaussagen machen kann und dass es in der ART wegen der Nichtlinearität sehr schwer ist, Lösungen der Feldgleichungen zu finden, muss man angesichts der Komplexität biologischer Prozesse darauf gefasst sein, nicht in allen biologischen Forschungsbereichen quantitativ exakte Formeln finden zu können. (Vielleicht gibt es auf dieser Ebene auch echte Zufallsprozesse.) In diesem Fall müsste man sich damit begnügen, qualitative Beschreibungen zu geben, und es mag sein, dass hierfür erst noch eine völlig neue Formalismusart entwickelt werden muss. Innerhalb der Computer-Analogie liegt es nahe, diese funktionellen Vorgänge zu formulieren wie es in der theoretischen Informatik und in den Forschungsprojekten des *Künstlichen Lebens* und der *Künstlichen Intelligenz* bei der Planung von Computerprogrammen geschieht, etwa als Flussdiagramme, als Zustandsdiagramme für Automaten oder als semantische Netzwerke.[1]

Eine andere Möglichkeit ist, sich am theoretischen Vorgehen der Ingenieure zu orientieren. In der kybernetischen Regelungs- und Steuerungstechnik werden Geräte gebaut, die bestimmte Zielfunktionen erfüllen sollen (vgl. Föllinger 1994). Bei diesem Vergleich könnte ein teleonomisches biophysikalisches Forschungsprojekt formal folgendermaßen aussehen. Die angestrebten Zielzustände werden als Axiome an den Anfang der Theorie gestellt und dann überlegt man sich, wie man für das zu untersuchende System die Parameter der Zustandsgleichungen einzustellen hat. Die Errechnung der Parameter könnte dann so ablaufen, wie es in der Steuerungs- und Regelungstechnik erfolgt, und diese rechnenden Vorgänge wären in der Natur informationsverarbeitende Prozesse im Äther. Hat man schließlich mit Hilfe von Optimalitäts- und Stabilitätsbedingungen alle Parameterwerte errechnet und die Zustands- bzw. Bewegungsgleichungen vollständig aufgestellt, so muss experimentell überprüft werden, ob sich das System tatsächlich entsprechend dieser Gleichungen bewegt. Wenn man also ein biologisches System aus einem stabilen Zustand entfernt, dann müssen die Gleichungen angeben, wie das System von dem so geschaffenen Anfangszustand wieder zum Zielzustand gelangt. Im Gegensatz zur heutigen Physik, in der man Differenzialgleichungen löst, um dadurch zu erfahren, wohin sich ein System bei gegebenem Anfangszustand bewegt, wird hier der Endzustand vorgegeben, und die Bewegungsgleichungen sollen nur

---

[1] Dieser Bereich ist vielleicht auch teilweise am wenigsten mit der Computer-Metapher beschreibbar und mag etwas enthalten, was Schelling und Schopenhauer als unbewussten Willen und blinden Drang bezeichneten.

noch angeben, auf welche Weise das Ziel erreicht wird. Bei teleonomen Theorien wären nicht mehr wie in der mechanistischen Physik die Bewegungsgleichungen die Basis der Theorie, sondern die Zielzustände, die dann erst in einem zweiten Schritt zu den Bewegungsgleichungen führen. Erwähnenswert ist, dass es ähnliche kybernetische Forschungen in der Biologie bereits gibt. Chauvet erwähnt in seinen Büchern mehrere solcher Publikationen; Poon (1987) formuliert zum Beispiel explizit eine Kostenfunktion, um Atmung zu erklären, und auf dieser Grundlage errechnet er die Atemfrequenz, die er schließlich mit empirischen Daten vergleicht.

7.2 Leib-Seele Problem

Beim Leib-Seele Problem (LSP) wird danach gefragt, in welcher Beziehung Bewusstsein und Denken zum Körper stehen. In der Psychologie gibt es noch keine allgemein akzeptierte Definition für Bewusstsein, weshalb es hier nur allgemein charakterisiert werden soll, beim Bewusstsein lassen sich aber hauptsächlich vier Problembereiche unterscheiden. In der visuellen Wahrnehmung erleben wir ein Muster von Farben, in der akustischen Wahrnehmung ein Muster von Tönen, und es stellt sich die Frage, wie derartige Wahrnehmungsqualitäten entstehen. Zusätzlich zu der Frage nach diesen sogenannten Qualia stellt sich als Zweites die Frage, wie es dazu kommen kann, dass diese Wahrnehmungsqualitäten für uns Träger von Bedeutung sein können. In unserer visuellen Wahrnehmung wird eine Sonne nicht nur als eine gelbe Scheibe erlebt, sondern als ein reales Objekt, als eine Sonne gedeutet. Wie kommt es zu dieser semantischen Interpretation unserer Wahrnehmungsqualitäten? Fasst man diese Semantik als eine weitere Bewusstseinsqualität auf, so können aus philosophischer Sicht diese beiden Fragestellungen – die nach den Qualia und die nach der Semantik bzw. Intentionalität – zusammengefasst werden zu der Frage, in welcher Beziehung psychische Qualitäten zum Gehirn stehen. Könnte man beispielsweise eine Phänomenart – etwa die Farben – neurophysiologisch erklären, so könnte man sich damit auf der philosophischen Ebene des

LSP zufrieden geben, da man es dann als plausibel betrachten könnte, dass die anderen Phänomenarten (d.h. auch die Semantik) durch analoge Vorgänge hervorgebracht werden. Ein dritter Aspekt unseres Bewusstseins ist seine aktive Seite. Wir nehmen unsere Umwelt nicht nur passiv wahr, sondern gehen handelnd mit ihr um und verfolgen in ihr Ziele. Wie entstehen in unserem Bewusstsein Ziele und wie setzen wir sie in Handlungen um? Dass bei biologischen Prozessen Zielgerichtetheit eine große Rolle spielt, ist im vorigen Abschnitt besprochen worden, und wie diese Zielgerichtetheit als psychische Qualität in der Selbstwahrnehmung bewusst erlebt werden kann, gehört wieder zu dem Problem der Bewusstseinsqualitäten, wie es gerade erläutert worden ist. Ein weiterer, vierter wichtiger Problembereich ist die Frage nach der Art der Informationsverarbeitung. Ein Großteil der Informationsverarbeitung findet unbewusst statt, für das LSP ist aber auch dies wichtig zu wissen. Eine klassische Frage des LSP lautet nämlich, ob Materie denken kann. Da wir heute von unseren Computern wissen, dass Materie Informationen verarbeiten kann, stellt sich heute nur noch die Frage, wie genau im Gehirn oder anderswo Informationsverarbeitung stattfindet. Wie die Informationsverarbeitungen bzw. deren Zwischen- und Endergebnisse bewusst erlebt werden, ist dann wieder die Frage nach der Entstehung bewusster Erlebnisqualitäten.

Zusammengefasst sind somit aus philosophischer Sicht für das LSP hauptsächlich zwei Fragen interessant: Wie entstehen Bewusstseinsqualitäten (z. B. Farben) und in welcher Beziehung steht die Informationsverarbeitung zu neurophysiologischen Prozessen? Wie man diese beiden Fragestellungen aus der Sicht unserer WWA in der wissenschaftlichen Forschung untersuchen sollte, dazu werden nun einige Leitideen vorgestellt (vgl. Arendes 1996). Zunächst zur Entstehung der Qualia, zur Entstehung von Farben. In der mathematischen Physik spricht man von einem Feld, wenn jedem Punkt des Raumes oder eines Teilraumes der Wert mindestens einer Größe zugeordnet ist. Lenkt man introspektiv in seinem Bewusstsein seine Aufmerksamkeit auf die visuellen Qualitäten, so erkennt man, dass jeder Punkt des Raumes einen Farbton besitzt oder potenziell dazu in der Lage ist. Das visuelle Bewusstsein ist somit mathematisch ein Feld und deshalb wird im Folgenden das visuelle Bewusstsein auch als phänomenologisches visuelles

Wahrnehmungsfeld bezeichnet und der dadurch erlebte Raum als phänomenologischer Raum. Das visuelle Wahrnehmungsfeld ist das, was man im alltäglichen Leben naiv für den dreidimensionalen Außenraum mit seinen Objekten hält; dieses ist aber nur dessen psychische Repräsentation. Dass das Wahrnehmungserlebnis „äußerer Raum" unsere eigene Psyche ist, kann man sich schnell klar machen, indem man mit dem Finger seitlich leicht auf einen Augapfel drückt: Dies führt zur Verdopplung des Raumes bzw. der darin enthaltenen Objekte!

Introspektiv haben wir den Eindruck, dass unser Bewusstsein einen kausalen Einfluss auf unsere Körperbewegungen hat. Eine interessante Hypothese ist deshalb die Annahme, dass das Bewusstsein ein hirnspezifisches thermodynamisches Potenzialfeld ist: Ist die Hirnmaterie in einem bestimmten neuronalen Zustand, so bringt das Vakuum ein Bewusstseinspotenzial hervor, welches bei Potenzialdifferenzen zwischen verschiedenen Hirnbereichen zu verallgemeinerten Kräften führt, welche Hirnströme bewirken. Gegen diese Hypothese spricht, dass Potenziale Skalarfelder sind (d.h. jeder Punkt des Feldes besitzt nur einen einzigen Betragswert), wohingegen beim Bewusstsein eine kompliziertere Struktur vorliegt. Erlebt man in seinem phänomenologischen Wahrnehmungsfeld ein fahrendes Auto, so hat dieser Teil des Feldes nicht nur Werte für den Farbeindruck (welcher bestimmt wird durch Farbton, Sättigung und Helligkeit), sondern zusätzlich Werte für Geräusche, Geruch und für die realistische Interpretation, ein reales Objekt, ein Auto zu sein. Deshalb ist das kompliziertere Feld der ART eine bessere Analogie für das Bewusstseinsfeld als die thermodynamischen Skalarfelder. Wie schon in einem früheren Abschnitt beschrieben worden ist, sind der zentrale Teil der ART die Feldgleichungen $R_{\mu\nu} - \frac{1}{2} g_{\mu\nu} R = -\chi\, T_{\mu\nu}$, wobei die linke Seite die Struktur der Raumzeit darstellt und die rechte Seite die Materie bzw. Energie. Nach dieser Theorie gibt es somit zwei Phänomenbereiche, zwischen denen eine gesetzmäßige Beziehung existiert; die Materie hat einen Einfluss auf die Feldstruktur, und das Feld lenkt die Bewegung der Materie. Es gibt eine Korrelation zwischen beiden, aber der kausale Mechanismus ist noch unbekannt. Analog kann man das Bewusstsein als ein neuartiges Feld auffassen, welches mit der Struktur der Hirnmaterie ähnlich korreliert ist wie in der ART das metrische Feld mit der Materie.[1] Auch nach dieser Hypothese wird das Bewusstseinsfeld (ebenso wie das metrische) von der Materie beeinflusst und umgekehrt. Möglich ist jedoch auch, dass der Äther beides, sowohl bislang unbekannte thermodynamische Potenziale als auch ein Feld analog zum metrischen Feld der ART hervorbringt. Das visuelle Bewusstseinsfeld ist vermutlich eher ein Feld analog zum metrischen Feld, wohingegen die Beeinflussung der Hirnströme zusätzlich durch unbewusste Potenziale (etwa bei unbewussten Kognitionen) erfolgen kann.

Wir kommen nun zum Problem der Informationsverarbeitung. In den letzten Jahren hat die Simulation neuronaler Netzwerke eine stürmische Entwicklung erlebt und es ist nicht möglich, hier auch nur einen Überblick zu geben. Allgemein lässt sich aber feststellen: Ein Neuronennetzwerk besteht aus n Neuronen. Das i-te Neuron ($i = 1, ..., n$) bekommt von allen Neuronen eine Nettoinformationseingabe von $net_i = \sum x_j w_{ij}$ (Summe über alle $j = 1, ..., n$), wobei x_j die Eingabe des j-ten Neurons ist und w_{ij} die synaptische Übertragungsstärke von Neuron j auf i. Die Informationsausgabe von i ist eine Funktion von net_i, nimmt die Werte 0, 1 oder einen Wert dazwischen an und die Eingabe net_i muss einen bestimmten Schwellenwert erreichen, damit es zu einer Ausgabe kommt. Damit ein solches Netzwerk bestimmte kognitive Leistungen simulieren kann, müssen die synaptischen Verbindungen w_{ij} entsprechend eingestellt werden. Gibt man einem Netzwerk zu Beginn der Simulation ein zu lernendes Eingabemuster (etwa ein Gesicht), so verändern sich die synaptischen Verbindungen während mehrerer wiederholter Darbietungen derartig, dass dieses Muster in den synaptischen Verbindungen als gespeichert betrachtet werden kann. Das Netzwerk ist dann auch in der Lage, derartige Muster wiederzuerkennen oder sogar zu vervollständigen: Gibt man dem Netzwerk nur einen

---

[1] Da das psychobiologische Bewusstsein eine sehr komplexe Angelegenheit sein dürfte, muss man darauf gefasst sein, hier keine exakten mathematischen Gleichungen formulieren zu können. Eventuell wird man sich damit begnügen müssen, eine Art Korrespondenzregeln für einerseits mathematisch beschreibbare Hirnstrukturen und für andererseits mathematisch beschreibbare Bewusstseinsphänome zu finden.

Ausschnitt eines ursprünglich gelernten Gesichts als Eingabe, so vervollständigt das Netzwerk das Gesicht selbständig.

Die Leistungsfähigkeit derartiger Netzwerke ist erstaunlich. Kritiken von Seiten der experimentellen Hirnforscher werden aber geäußert, wenn sie als Modelle realer Nervennetze betrachtet werden sollen. In vieler Hinsicht weichen biologische Zellen von diesen künstlichen Neuronen ab (so haben künstliche Neuronen in der Regel keine Dendriten, und der Einfluss der Gliazellen bleibt unberücksichtigt, was aber in neueren Untersuchungen immer mehr berücksichtigt wird), und bei einigen Prozessen der künstlichen Netzwerke ist unklar, wo und wie sie im Gehirn verankert sein sollen.

Neben den gerade beschriebenen Modellen der neuronalen Netzwerke gibt es in der theoretischen Hirnforschung eine zweite Forschungsrichtung. Dieser Forschungsansatz ist wesentlich abstrakter, entspricht aber in einem größeren Maße der herkömmlichen Vorgehensweise der Physik. Bei dieser zweiten Forschungsrichtung werden die neuronalen Aktivitäten durch Feldgleichungen beschrieben und die Dynamik der Felder wird bestimmt durch Operatoren oder Propagatoren (vgl. Chauvet 1995). Weil die Modelle der neuronalen Netzwerke heute weiter verbreitet sind, will ich auf diesen zweiten Ansatz nicht näher eingehen. Inwieweit Modelle der neuronalen Netzwerke oder Feldtheorien unsere kognitiven Leistungen erklären können, wird die zukünftige Forschung zeigen müssen.

In der Künstlichen Intelligenz versucht man, Computer und Roboter zu bauen, die ähnliche Wahrnehmungs- und Verhaltensfähigkeiten besitzen wie Menschen. Dabei hat sich herausgestellt, dass scheinbar elementare Wahrnehmungsfähigkeiten mathematisch äußerst kompliziert sind, oftmals sogar komplizierter als die von uns so hoch geschätzten bewussten kognitiven Leistungen wie das Lösen mathematischer Gleichungen. Aus der Sicht unserer WWA liegt nun die Hypothese nahe, dass einige Informationen außerhalb des Gehirns im Vakuum verarbeitet werden. Angesichts der Kleinheit des Gehirns ist es nicht abwegig, einige kognitive Prozesse außerhalb des Gehirns zu vermuten. Man bedenke, dass bereits das Rattenhirn und noch kleinere Tiere (noch kleinere Hirne) Wahrnehmungsleistungen, die von der Künstlichen Intelligenz untersucht werden, erbringen!

Wie könnte das Vakuum bzw. der Äther die Hirnmaterie beeinflussen, und wie bekäme der Äther Informationen über Hirnstrukturen? Der Informationsfluss vom Hirn zur Innenstruktur des Äthers könnte dadurch erfolgen, dass die im Gehirn vorhandenen Felder die Innenstruktur des Äthers verändern. In der Physik weiß man, dass elektromagnetische und andere Felder das Vakuum verändern können (Rafelski & Müller 1985; Genz 1994). Umgekehrt beeinflusst der Äther die Nervennetze, indem er ein Feld hervorbringt (z. B. das oben besprochene Bewusstseinsfeld); auf diese Weise könnte es die synaptischen Verbindungen oder die Schwellenwerte im Axonhügel beeinflussen. Physikalische Felder hängen von der Materiestruktur ab und in unserem Fall wäre das die Hirnstruktur (z. B. aktive Neuronen). Die Struktur eines Feldes hängt aber nicht nur von den Eigenschaften der Subsysteme ab, sondern auch von Naturkonstanten; so gibt es in der TD die Boltzmann-Konstante und in der ART die Gravitationskonstante. Es soll nun die Annahme gemacht werden, dass das hier postulierte Bewusstseinsfeld F_B einerseits von aktiven Hirnzellen Z_a abhängt (was genau das physiologische Korrelat des Bewusstseins ist, weiß man allerdings noch nicht) und andererseits von Konstanten oder allgemeiner ausgedrückt von Parametern P_V, welche von der Vakuumstruktur herrühren: $F_B = F_B(P_V, Z_a)$. Wären diese Parameter nicht konstant, sondern raumzeitlich variabel (in der Kosmologie ist z. B. die Hubble-Konstante ein zeitlich veränderlicher Parameter), so könnte das Vakuum durch dieses Feld effektiv Hirnströme beeinflussen. Die Veränderung des Feldes durch einen Parameter würde sich nicht nur auf die Hirnmaterie auswirken, sondern auch, da es das Bewusstseinsfeld darstellt, auf das Bewusstsein. Hierbei könnte es sich beim visuellen Bewusstsein z. B. um Affekte oder Intentionen bezüglich des wahrgenommenen Objektes handeln oder um die Aufmerksamkeitsstufe. Veränderungen des Bewusstseinsfeldes könnten jedoch nicht nur durch äußere Parameter oder durch die Hirnmaterie erfolgen, sondern auch durch eine innere Dynamik des Feldes, so wie es beim metrischen Feld Gravitationswellen gibt. Sollte die Analogie mit dem metrischen Feld der ART gültig sein, dann würde dies auch bedeuten, dass die mathematischen Gleichungen für das Bewusstsein nur eine

Korrelation zwischen der physiologischen Hirnstruktur und dem phänomenologischen Bewusstsein darstellen würden. Nach der QFT entsteht die Materie aus dem Vakuumzustand; deshalb sollte man auch versuchen, die Korrelation zwischen Hirnstruktur und Bewusstsein durch Prozesse im Vakuum zu erklären.

In nächster Zukunft wird es bei der wissenschaftlichen Suche einer Bewusstseinstheorie zuerst darum gehen, ein Gleichungssystem zu finden, das auf der einen Seite das Bewusstsein repräsentiert und auf der anderen das physiologische Korrelat. Unser Bewusstsein ist uns nur subjektiv gegeben, es muss jedoch trotzdem möglichst präzise und mathematisch beschrieben werden. Lange Zeit war es in der Wissenschaft ein Tabu, über Introspektives zu reden; um das Bewusstsein physiologisch erklären zu können, ist es aber nötig, unsere Wahrnehmungsphänomene möglichst präzise zu beschreiben. Die Methode der systematischen und experimentellen Introspektion, wie sie etwa in der Würzburger Schule betrieben wurde, muss wieder aufgegriffen und präzisiert werden, um dadurch einen angemessenen Begriffsrahmen für das Bewusstsein zu erhalten. Im Augenblick konzentrieren sich jedoch die Neurowissenschaftler darauf, das neuronale Korrelat des Bewusstseins zu finden, und zu dieser Problematik möchte ich abschließend ein paar Hinweise geben. In der ART ist das materielle Korrelat des metrischen Feldes die Energie, und hieraus kann man zwei Dinge lernen. Einerseits kann man vermuten, dass die Energie auch beim Bewusstseinskorrelat eine Rolle spielt. Andererseits ist Energie nicht direkt beobachtbar, sondern muss aus beobachtbaren Größen wie Masse und Teilchengeschwindigkeit errechnet werden. Analog könnte auch das Bewusstseinskorrelat eine sehr theoretische Eigenschaft sein, die auf komplizierte Weise aus beobachtbaren Größen errechnet werden muss. Das Gehirn wird in der Regel als ein informationsverarbeitendes System betrachtet, so dass die Information eine wichtige Rolle spielen sollte. Leider kennen wir noch nicht den Informationscode der Nervenaktivitäten, in der Physik ist jedoch die negative Entropie ein Maß für die Information, wie Shannon sie definiert hat. Deshalb könnte die Entropie neben der Energie für das Bewusstseinskorrelat von Bedeutung sein (vgl. Edelman, Tononi 2000). Die Informationsverarbeitung im Gehirn wird mit Modellen der neuronalen Netzwerke und mit neuronalen Feldtheorien untersucht, und welche energetischen, Entropie- und sonstigen Eigenschaften dieser Modelle und Theorien als Bewusstseinskorrelat in Frage kommen könnten, ist eine wichtige Forschungsfrage.

7.3 Evolution

Im Lauf der Evolution sind aus einer fast homogenen oder chaotischen Elementarteilchenansammlung direkt nach dem Urknall hochkomplexe Systeme entstanden: Organismen, Gesellschaften, Staatensysteme. Für diesen Entwicklungsprozess lassen sich hauptsächlich drei Prinzipien formulieren, ein Zusammenlagerungs- oder Kooperationsprinzip (mehrere Objekte lagern sich zu einem System zusammen und kooperieren), ein Differenzierungsprinzip (innere Umstrukturierungen im Gesamtsystem für jeweilige Spezialfunktionen) und ein hierarchisches Organisationsprinzip (parallel zur Schachtelungsstruktur entwickelt sich eine Abwärtskausalität). Die heute wichtigste Evolutionstheorie, die biologische synthetische Evolutionstheorie (vgl. Mayr 1991), versucht in Anlehnung an Darwins Theorie die Entstehung und Entwicklung der biologischen Arten zu erklären. Nach dieser Theorie kommt es durch die zufällige Variation des Erbgutes und durch Selektion, Isolation, Gendrift und weiteren Faktoren zur Evolution der Lebewesen und zu deren Anpassung an die Umwelt.

In der Physik hatte man lange Zeit an die newtonschen Theorien geglaubt, bis diese durch die Relativitätstheorie und die QM abgelöst wurden, und obwohl diese neuen Theorien eine enorm hohe Erklärungsleistung erbringen, versuchen die Physiker, diese Theorien wiederum durch noch bessere zu ersetzen. Nach der heutigen erkenntnistheoretischen Grundposition der Physik sind wissenschaftliche Theorien nur Approximationen an die Wahrheit, und Aufgabe der Forschung ist es, eine Approximation, eine Theorie, durch eine noch bessere zu ersetzen. Eine derartige Verbesserung der Approximation an die Wahrheit kann man natürlich auch für biologische Theorien anstreben. Gleichgültig wie gut eine Theorie ist, die Suche nach einer besseren ist ein Motor der wissenschaftlichen Entwicklung. Wenn man bedenkt, wie komplex strukturiert Lebewesen sind, dann ist die Aussage, dies sei alles entstanden durch zufällige Variation, Selektion etc. vielleicht zu einem großen Teil wahr, eine sehr hohe Erklärungsleistung ist dies jedoch noch nicht. Als Physiker würde man beispielsweise fragen, welche mathematischen Grundgleichungen hier am Werke sind und wie genau und warum bestimmte Strukturen entstanden sind. Die meisten Evolutionsbiologen behaupten, dass die genauen Strukturen der Organismen durch Zufall aus Mutationen entstanden seien. Wenn man aber bedenkt, wie sehr zum Beispiel Einstein in der QM gegen den Zufall argumentierte, dann liegt die Idee nahe, dass diese „zufälligen“ Mutationen durch noch unbekannte Naturgesetze gesteuert werden (bzgl. solcher und anderer Kritiken und alternativer Faktoren und Evolutionstheorien siehe Krohs & Toepfer 2005 und Shapiro 1997). Die Suche nach unbekannten Gesetzen ist heuristisch sicher besser als die unkritische Akzeptanz des Zufalls, denn falls solche Gesetze tatsächlich existieren, wird man sie nur finden, wenn man sie auch sucht. Eine zweite wichtige Fragestellung ist, wie es überhaupt dazu kommen kann, dass sich zunächst voneinander unabhängige Objekte zu zusammengehörenden Einheiten, zu Systemen zusammenlagern: Elementarteilchen zu Atomen, diese zu Molekülen, diese zu Einzellern, Organismen etc. Die Antwort, durch Faktoren wie Variation und Selektion etc., ist sicherlich zu dürftig. Auf der Ebene der ontogenetischen Entwicklung der Organismen hat Chauvet (1995) vorgeschlagen, dass es in dieser Entwicklung zu einem Anstieg der funktionellen und strukturellen Ordnung auf der Basis von Extremalwerten einer Orgatropie komme, welche alternativ zur Entropie wirke und auf einem Organisationspotenzial aufbaue. Inwieweit diese Forschungsrichtung erfolgreich sein wird, bleibt abzuwarten, aber die Vermutung liegt nahe, dass derartige Vorgänge auch in der phylogenetischen Entwicklung eine Rolle spielen könnten. Die Annahme, dass es zusätzlich zum physikalischen Gesetz der Zunahme der Entropie ein Gesetz der Zunahme der Organisation gibt, ist angesichts der kosmischen Entwicklung von isolierten Elementarteilchen bis zur UNO durchaus plausibel. Erwähnenswert ist ferner, dass Darwin mit seinem Prinzip »Variation und Selektion« vor allem auch die so erstaunlich hohe Anpassung der Lebewesen an ihre Umwelt erklären wollte; sollte es aber in der Natur wirklich Teleonomie geben, dann könnte diese

Anpassung auch zielgerichtet entstanden sein. Eine befriedigende Theorie der Entstehung und Evolution der Arten wird man vermutlich erst formulieren können, wenn man eine allgemeine Theorie der Biodynamik gefunden hat. Auch für eine Theorie der Entstehung des Lebens muss man wissen, was Leben ist.

QM und RT sind bessere Approximationen an die Wahrheit als die newtonschen Theorien nicht nur in der Hinsicht, dass sie quantitativ exaktere Vorhersagen für dieselben Vorgänge machen, sondern auch dahingehend, dass sie einen größeren Anwendungsbereich besitzen. Die RT ist nötig, wenn man sich für sehr hohe Geschwindigkeiten – nahe oder gleich der Lichtgeschwindigkeit – interessiert, die QM musste entdeckt werden, als man sich für Abläufe in Atomen interessierte. Analog kann man hoffen, dass auch die Evolution der biologischen Arten in einem neuen Licht erscheinen wird, wenn man sich nicht nur für die biologische Evolution interessiert, sondern für die gesamte kosmische Entwicklung. Dass man durch eine Ausweitung des Forschungsbereiches tatsächlich zu neuen Erklärungsmustern für die Evolution gelangt, ist durch die Theorie von Manfred Eigen demonstriert worden. Eigen (1971, 1996) versucht, die präbiotische Entwicklung zu erklären, das heißt die Entstehung des Lebens aus chemischen Molekülen, vor allem die Entstehung des genetischen Codes. Diese Theorie enthält – trotz einer selektionistisch-neodarwinistischen Grundeinstellung – zwei bemerkenswerte Elemente, durch die sie sich von neodarwinistischen Theorien unterscheidet. Einerseits gibt es nach Eigen auf dieser Evolutionsstufe nicht den reinen Zufall, auch nicht bei den Mutationen. Vielmehr verlaufe die Entwicklung nach Gesetzen, die sich als Differenzialgleichungen und Extremalprinzipien formulieren lassen. Andererseits spielt hier die Kooperation der beteiligten Moleküle eine herausragende Rolle, was sich doch sehr von Darwins „Kampf ums Dasein" unterscheidet. Nach Eigen bilden chemische Moleküle sogenannte Hyperzyklen (Reaktionszyklen mit höhergeordneten zyklischen Kopplungen), die sich naturgesetzlich entwickeln und die keinen Wettkampf zwischen den Komponenten tolerieren. Auf diese Weise ist laut Eigen die biologische Information (DNS) und dadurch das Leben entstanden. Nachdem aber durch einen derartigen Selbstorganisationsprozess eine höhere Ebene von sich selbst replizierenden Einheiten entstanden war, begann – so Eigen – eine neue Ära der Evolution, in der die Selektion im strengeren darwinistischen Sinne von größerer Bedeutung war; die Evolutionsperiode der kooperativen Hyperzyklen wurde nun durch darwinistische Evolutionsprozesse abgelöst. Eigen (1996) vertritt die These, dass verschiedene Evolutionsstufen durch teilweise andere Evolutionsfaktoren bestimmt werden, so vermutlich auch bei der sozialen Evolution.

Inwieweit sich Eigens Ideen in der Wissenschaft durchsetzen werden, bleibt abzuwarten. Angesichts der kosmischen Evolution von freien Elementarteilchen zu immer komplizierteren Systemeinheiten sind aber sicherlich Prozesse der entstehenden Kooperation von ursprünglich getrennten Objekten zu Systemeinheiten unumgänglich. So wie man Newtons Theorien in den heutigen physikalischen Theorien als Grenzfälle wiederfinden kann, so wird vielleicht in Zukunft auch die darwinsche bzw. die synthetische Theorie als Grenzfall in einer allgemeinen Theorie der Systementstehung und Systementwicklung enthalten sein. Eigen nimmt an, dass die präbiotische Entwicklung der Hyperzyklen von einer biologischen Stufe abgelöst wurde, die sich in einem stärkeren Sinne nach darwinistischen Faktoren entwickelt. Deshalb könnte man vermuten, dass die gesamte kosmische Entwicklung die ständige Abwechslung ist einer Phase, in der die Kooperation von ursprünglich kompetitiven Elementen entsteht, und einer Phase, in der sich mehrere derartig neu entstandene höhere Systemeinheiten durch stärker darwinistische Faktoren weiter entwickeln, bis diese sich abermals zu höheren Einheiten zusammenlagern. Die einzelnen Evolutionsstufen haben vermutlich jeweils ihre Besonderheiten, aber die ständige Abwechslung von Integration und Wettkampf ist vielleicht generell gültig, so wie die Europäische Union nach zwei Weltkriegen entstanden ist.

8. Psychologie

Psychologie ist die Wissenschaft von der Psyche, und das heißt vor allem, dass sie Denken und Bewusstsein untersuchen sollte. Neben der Erklärung der Denkvorgänge ist es Aufgabe dieser Wissenschaft, Bewusstsein zu beschreiben und zu untersuchen, wie es entsteht und wozu es dient. Dass das Bewusstsein u.a. dazu dient, das Verhalten zu steuern, führt dazu, dass Psychologen sehr intensiv das von außen beobachtbare Verhalten von Menschen und Tieren untersuchen. Im Extrem war dies im Behaviorismus dazu ausgeartet, sich nur auf das äußere Verhalten zu beschränken und sogar die Existenz von Bewusstsein zu leugnen oder zumindest für nicht wissenschaftlich untersuchbar zu halten. Unser Bewusstsein ist aber durchaus mit wissenschaftlichen Methoden untersuchbar. Besonders deutlich wird dies in der Psychophysik, welche gesetzmäßige Relationen zwischen physikalischen Reizen und Erlebnisqualitäten im Wahrnehmungsbewusstsein untersucht (vgl. von Campenhausen 1981). Bewusstseinsinhalte sind nämlich in dem Sinn objektiv erforschbar, dass alle Personen die behaupteten Phänomene auch bei sich selbst beobachten können sollten. Auf introspektive Berichte wird deshalb heute wieder in vielen Bereichen der wissenschaftlichen Psychologie zurückgegriffen. Besonders wichtig sind natürlich introspektiv erhaltene Bewusstseinsbeschreibungen, wenn man auf naturwissenschaftlicher Ebene, in der Psychobiologie, das Leib-Seele Problem untersuchen will. Um Bewusstsein physiologisch zu erklären – das heißt zunächst, um Bewusstseinsphänomene mit physiologischen Korrelaten in Beziehung zu setzen –, benötigt man eine genaue und wenn möglich eine formale Beschreibung des Bewusstseins. Introspektive Untersuchungsformen, wie sie etwa in der Würzburger Schule zu Beginn des 20. Jahrhunderts praktiziert wurden (vgl. Hussy 1984), müssen deshalb in Zukunft weiter ausgearbeitet werden, um als Vorbedingung für eine erklärende Leib-Seele Theorie möglichst auch zu einer mathematischen Beschreibungsform zu gelangen. Nützliche Leitideen kann man hierfür aus der Philosophie erhalten. In der philosophischen Phänomenologie hat sich beispielsweise Edmund Husserl sehr darum bemüht, Bewusstseinsphänomene möglichst theorienfrei, rein deskriptiv zu erfassen. Hierbei beschäftigte er sich gerade mit dem schwierigsten Bestandteil des Bewusstseins, dem Erleben der semantischen Deutung der Erlebnisinhalte, was er in der Nachfolge Brentanos, und wie heute in der Phänomenologie üblich, als Intentionalität bezeichnete (Husserl 1993). Neben Husserl gibt es viele andere Autoren der Phänomenologie, von denen Psychologen interessante Anregungen erhalten können. Diese Ideen sollten jedoch nicht kritiklos übernommen werden, sondern müssen mit wissenschaftlichen Methoden von der Psychologengemeinschaft auf intersubjektive Weise untersucht werden. Philosophische Autoren – so auch der späte Husserl – neigen dazu, die rein deskriptive Phänomenologie mit zusätzlichen philosophischen Positionen zu vermengen. Für die Psychologie ist nur entscheidend zu beschreiben, dass und wie wir zum Beispiel Farbmuster erleben, in welchen Dimensionen sie beschreibbar sind (Farbton, Helligkeit, Sättigung), wie wir ihre auf die Realität bezogene Bedeutung erleben, mit welchen Dimensionen dieser Intentionalitätsaspekt beschrieben werden kann, wie man dafür eine Skalierung einführen kann usw.

Die introspektive Untersuchungsform wird in der Psychologie noch zu wenig beachtet, in der Nachfolge des Behaviorismus hat sich jedoch eine andere sehr wichtige und heute dominierende psychologische Schule entwickelt, welche die Art der Informationsverarbeitung untersucht. Diese sogenannte kognitive Psychologie orientiert sich an der Computer-Metapher zur Untersuchung der Denkvorgänge (s. Hussy 1984; Dörner 1979). Formal sieht das so aus, dass die Vorgänge beispielsweise in Form von Flussdiagrammen beschrieben werden, wie es in der Informatik beim Programmschreiben üblich ist, und dass zusätzlich zu den experimentellen Untersuchungen der Menschen Computersimulationen durchgeführt werden.

Da wir bei der Darstellung der WWA die Welt schon öfter mit einem Computer verglichen haben, ist das Vorgehen der kognitiven Psychologie selbstverständlich ganz in unserem Sinne. Natürlich darf die Psychologie neben der Untersuchung der oft oder zum größten Teil unbewusst ablaufenden Informationsverarbeitungsprozesse nicht den Bewusstseinsaspekt, die introspektive Methode ignorieren. Darüber hinaus gibt es weitere Kritikpunkte an der kognitiven Psychologie, die nun behandelt werden sollen. Aus der Sicht der Neurophysiologie ist zunächst zu fragen, wie die Informationsverarbeitungsprozesse in der Natur (im Gehirn oder anderswo) implementiert sein sollen. Vom Gehirn weiß man, dass es Informationen sehr stark parallel verarbeitet, was bei heutigen Computern nur in relativ geringem Umfang der Fall ist. Hierauf kann von Seiten der kognitiven Psychologie geantwortet werden, dass einerseits künftige Computer in immer größerem Umfang Informationen parallel verarbeiten werden, andererseits scheint aber bei höheren kognitiven Prozessen beim Menschen tatsächlich nur wenig paralleles Verarbeiten vorzuliegen (s. Hussy 1984). Ein weiterer und noch wichtigerer Einwand von Seiten der Physiologie ist, dass das Gehirn insgesamt betrachtet nur wenig Ähnlichkeit mit dem Aufbau eines Computers hat. So scheint es im Gehirn – anders als im Computer – keine für die verschiedenen Speicher- und Gedächtnisstrukturen abgegrenzten Areale zu geben. Auch sieht das dynamische Verhalten jeweils anders aus: Während ein Computer sein Programm nach logischen Regeln abarbeitet und dadurch seine Zielzustände erreicht, verändern sich zum Beispiel nach manchen Modellen der neuronalen Netzwerke die Nervenverbände nach den dynamischen Prinzipien von nichtlinearen Differenzial- bzw. Differenzengleichungen, wobei z. B. der Zielzustand erreicht wird, indem das System in einen Attraktor läuft. Das Relaxieren in einen Attraktor nach physikalischen Prinzipien ist natürlich ein ganz anderer Vorgang als die Symbolverarbeitungsprozesse im Computer. Zwar werden die Modelle der neuronalen Netzwerke auf Computern simuliert, es handelt sich aber eben nur um Simulationen; die tatsächliche Informationsverarbeitung des Computers erfolgt nach den Regeln der Informatik. Ob man in Zukunft Computer wird bauen können, die wie unser Gehirn arbeiten, bleibt abzuwarten; dann würde sich aber auch die Beschreibungsweise der kognitiven Psychologie ändern müssen, wollte sie sich weiterhin an der Computer-Metapher orientieren. Darüber hinaus lässt sich auf diese physiologischen Kritiken von Seiten der kognitiven Psychologie noch Folgendes erwidern. Zunächst einmal kann argumentiert werden, dass wissenschaftliche Theorien ohnehin nur Approximationen an die Wahrheit sind, und es ist nicht auszuschließen, dass man später adäquatere Beschreibungsformen finden wird. Auch ist es möglich, dass unser kognitives Verhalten beides enthält, Entscheidungen nach logischen Prinzipien wie in der Informatik und das Einlaufen des Systems in einen Attraktor. Die Beschreibungsform von Algorithmen mittels Flussdiagrammen könnte auf einem höheren Niveau des Entscheidungsbaumes adäquat sein; zum Beispiel bei Entscheidungen darüber, welche Unterziele erreicht werden sollen. Und die Realisierung der letzten Unterziele könnte dann gemäß Differenzialgleichungen erfolgen.

An dieser Stelle soll noch einmal an die Leitideen für die Biologie aus dem vorigen Kapitel erinnert werden. Dort wurde herausgearbeitet, dass manche Prozesse im realen Gehirn, andere hingegen im Äther ablaufen und dass die Naturgesetze aus zwei Stufen bestehen könnten, aus teleonomen Prozessen zur Festlegung von Attraktoren und aus dem herkömmlichen kausalen bzw. mechanistischen Einlaufen in die Attraktoren. Die teleonome Fixierung der Parameter zur Festlegung von Attraktoren könnte nun im Äther nach den heutigen Prinzipien der Informatik und somit gemäß der kognitiven Psychologie erfolgen, die Erreichung der letztendlichen Zielzustände hingegen durch Relaxierung in Attraktoren im Gehirn. An dieser Stelle soll auch kurz erwähnt werden, dass es in der Parapsychologie mehrere Autoren gibt, die aufgrund empirischer Untersuchungen zu Phänomenen wie Nahtoderlebnissen, Sterbebett-Visionen und scheinbaren Erinnerungen kleiner Kinder an frühere Leben an ein Überleben des körperlichen Todes glauben, was im nächsten Kapitel genauer besprochen wird. Eine den Tod überlebende Entelechie könnte in der Sprache unseres Computer-Weltbildes ausgedrückt eine Art Prozessor sein.

Noch einmal hervorgehoben werden soll, dass bei unserer WWA nicht angenommen wird, dass die Welt tatsächlich ein Computer sei; dies gilt auch für unser kognitives System. Die Art der Informationsverarbeitung im Äther könnte ganz anders sein als in unseren Computern; da aber die kognitive Psychologie die vermuteten Informationsverarbeitungsschritte ohnehin nicht in allen Details und nur auf einer sehr globalen Ebene – z. B. als Flussdiagramme – beschreibt, spielt das keine entscheidende Rolle.[1]

Neben der introspektiven Forschungsmethode und der Frage nach der Informationsverarbeitungsweise gibt es in der Psychologie einen dritten sehr bedeutsamen Problemkomplex, der hier behandelt werden soll, nämlich die Gegenüberstellung von Verhaltenstheorie und Handlungstheorie. Beim Behaviorismus gibt es zwei Lernparadigmen, das klassische und das operante Konditionieren. Das klassische Konditionieren beginnt mit einem Verhalten, das reflexartig durch einen äußeren Reiz auslösbar ist, etwa das Augenzwinkern bei einem Luftstoß gegen das Auge. Wenn man nun diesen Reiz wiederholt mit einem anderen Reiz paart, etwa mit einem gleichzeitig gegebenen Ton, so löst nach einigen Durchgängen dieser zweite Reiz bereits allein, also zum Beispiel ohne den Luftstoß, die entsprechende Verhaltensreaktion aus. Demgegenüber beginnt man beim operanten Konditionieren mit einem Verhalten, das die Person spontan und eventuell zufällig hin und wieder ausführt. Immer wenn dieses Verhalten auftritt, gibt man dem Lebewesen, zum Beispiel auch einer Ratte, eine Belohnung, etwa ein Futterstückchen. Durch derartige Belohnungen und durch Bestrafungen bringt man das Lebewesen dazu, bestimmte Verhaltensweisen besonders häufig auszuführen oder sie zu vermeiden. Insgesamt genommen spielen somit beim klassischen und operanten Konditionieren, beim Behaviorismus, äußere Ereignisse (als auslösende Reize und als Belohnungen und Bestrafungen) eine zentrale Rolle. Demgegenüber kommen in der Handlungstheorie inneren, mentalen Zuständen eine zentrale Bedeutung zu. Nach dieser Theorie handeln Menschen hauptsächlich, weil sie bestimmte Ziele vor Augen haben, die sie erreichen möchten. Zwar nimmt der Behaviorismus auch an, dass es zwischen Reiz und Reaktion innere intervenierende Variablen gibt, bei der Verhaltenstheorie spielen aber die *äußeren* Vorgänge die wichtigere Rolle, bei der Handlungstheorie die *inneren*.

---

[1] Zwar werden für Computersimulationen detaillierte Programme geschrieben, es wird aber von den kognitiven Psychologen nicht behauptet, diese Programme würden in allen Details den menschlichen Informationsverarbeitungsschritten entsprechen. Vielmehr sollen damit nur die grundlegenden Aussagen der Theorien (z. B. der Flussdiagramme) überprüft werden.

Die Verhaltenstheorie wird heute von der Psychologie zwar nicht mehr als dominierendes Erklärungsmuster für menschliche Aktivitäten benutzt, es ist aber trotzdem sehr aufschlussreich, sich zu vergegenwärtigen, warum der Behaviorismus in der Mitte des letzten Jahrhunderts die dominierende Schule der Psychologie war. Der Behaviorismus erfüllte zwei methodologische Forderungen in besonders einfacher Form. Zum Einen wandte er sich gegen die introspektive Methode, die abgelehnt wurde, weil man innere Zustände nicht in dem Maße objektiv messen kann wie zum Beispiel die Stärke eines Luftstoßes oder die Anzahl von Futterpellets. Zum Anderen wollte man sich an den erfolgreichen Naturwissenschaften orientieren, die sich um kausale Erklärungen bemühen. Im Gegensatz zu den teleologischen Erklärungen der Handlungstheorie (das Erreichen von Zielen) erfüllen die Reiz-Reaktions-Beziehungen der Verhaltenstheorie das Muster von kausalen Beziehungen besonders gut: Wenn Ereignis A geschieht (ein Reiz taucht auf), dann folgt Ereignis B (eine Reaktion). Beim operanten Konditionieren ist das zwar schon nicht mehr ganz so einfach, man entdeckte hier aber doch mehrere Gesetze, die sich im Labor auf einfache und durchaus beeindruckende Weise untersuchen lassen, hauptsächlich jedoch bei Tieren wie Ratten und Tauben.

Der Behaviorismus wurde schon vor einiger Zeit von der kognitiven Psychologie abgelöst und in der kognitiven Psychologie versucht man, wie bereits beschrieben, die Aktivitäten der Menschen in Anlehnung an die Informationsverarbeitungsart der Computer zu erklären. Da Computer Programme abarbeiten, um Ziele zu erreichen, ist in der kognitiven Psychologie implizit enthalten, dass Menschen Ziele erreichen wollen. Dass Menschen nicht nur quasi passive Verhaltensautomaten sind, sondern von innen heraus aktiv sind und Ziele verwirklichen wollen, hat sich zwar in der Psychologie wieder durchgesetzt, trotzdem sollen hier noch ein paar Argumente zugunsten der Handlungstheorie aus der Sicht unserer WWA angeführt werden. Dass Menschen Ziele erreichen wollen, ist ein introspektives Faktum. Dass es für die Psychologie grundlegend wichtig ist, auch introspektive Untersuchungen durchzuführen, selbst wenn man die Psychologie an den Naturwissenschaften orientiert, ist bereits ausgeführt worden (nämlich wenn man in der Biologie das Bewusstsein physiologisch erklären will). Introspektive

Berichte sind in dem Maße objektiv, wie jeder die behaupteten Phänomene auch bei sich selbst beobachten kann (Objektivität als Intersubjektivität); und dass wir Ziele erreichen wollen, weiß jeder Mensch von sich selbst, ist also objektiv bzw. intersubjektiv gültig. Zusätzlich zu dieser Argumentationsrichtung ist besonders hervorhebenswert, dass man selbst bei einer sehr engen Anlehnung an die Naturwissenschaft und selbst aus physiologischer Sicht Erklärungen mittels Zielen anstreben sollte. Wie im Abschnitt über Teleonomie ausgeführt wurde, sehen sich selbst viele Biologen dazu veranlasst, Prozesse in Organismen teleonom zu erklären. Der wichtigste Unterschied zwischen den biologischen und den psychologischen Vorgängen ist dabei lediglich, dass uns die psychologischen Zielzustände oft bewusst sind, die biologischen Prozesse (etwa in den Nieren) jedoch nicht; die Existenz von Bewusstsein wird aber auch von Naturwissenschaftlern nicht geleugnet. Ein weiterer wichtiger Unterschied ist, dass die Prozesse in den Organen ihre Funktionen in der Regel immer und sozusagen automatisch erfüllen, wohingegen wir Menschen für unsere Ziele oftmals kämpfen müssen und sie trotzdem oft nicht erreichen. Diese Unterschiede verdeutlichen sehr gut eine der Thesen der Schichtentheorie, wonach auf verschiedenen Systemebenen – hier auf denen der biologischen und der psychologischen – ähnliche Naturgesetze, aber in abgewandelter Form auftreten können.

Der Schichtungscharakter der Welt kann auch dazu benutzt werden, das Verhältnis von Verhaltenstheorie und Handlungstheorie zu klären. Man kann nämlich drei Hauptebenen der menschlichen Aktivitäten unterscheiden. Die unterste Ebene wird gebildet vom Verhalten, wie es Reflexphysiologen und Behavioristen untersuchen: Ein Luftstoß gegen das Auge bewirkt Augenzwinkern, ein lautes Geräusch von der Seite her bewirkt einen Orientierungsreflex, Zucker auf der Zunge bewirkt Speichelfluss etc. Überlagert wird dieses automatische und konditionierbare Verhalten von der Handlungsebene. Die menschlichen Aktivitäten werden nicht vorwiegend durch äußere Reize ausgelöst, sondern kommen von innen her und dienen der Zielerreichung. Neurophysiologisch spiegelt sich dieses überlagerte Schichtungsverhältnis von Handlung und Verhalten darin wieder, dass die übergeordneten Hirnzentren einige Parameter der niederen regulieren können. Wiederum überlagert werden diese beiden Aktivitätsstufen, welche hauptsächlich von Biologen und Psychologen untersucht werden, von einer dritten, die vornehmlich von Soziologen untersucht wird, nämlich das Handeln zur Erfüllung gesellschaftlicher Werte und Normen. Man spricht hier auch von der *„Soziologischen Handlungstheorie"* (vgl. Miebach 1991; Reimann et al. 1985). Die Werte und Normen einer Gesellschaft sind gegenüber der psychologischen Ebene etwas Neues, eine emergente Systemeigenschaft, worauf im Kapitel über Soziologie genauer eingegangen wird. Die Normenbefolgung und das Streben, soziale Werte zu verwirklichen, haben aber auch etwas mit den beiden tiefer liegenderen Ebenen gemeinsam. Einerseits werden soziale Werte und Normen von den Mitmenschen an uns herangetragen und insofern sind sie etwas Äußeres wie die äußeren Reizen des Behaviorismus bzw. der Reflexphysiologie. Andererseits werden die Werte und Normen im Sozialisierungsprozess von den Individuen internalisiert, sie werden zusätzlich zu den eher egoistischen Zielen von den Personen aufgenommen und zu weiteren inneren Zielen, die zu erreichen sie sich bemühen, und insofern sind sie relevant für die psychologische Handlungstheorie.

9. Die Überlebenshypothese

In der neuzeitlichen Wissenschaft und insbesondere seit der Zeit der Aufklärung wurde die traditionelle Auffassung vom Leben, wonach eine Seele den materiellen Organismus steuere, ersetzt durch die Maschinentheorie des Lebens. Nach dieser Vorstellung der Materialisten ist der lebende Körper lediglich eine sehr komplexe Maschine, und wie komplex und leistungsfähig Maschinen sein können, verdeutlichen heutzutage insbesondere unsere Computer. Aber eine Maschine besteht in der Regel aus starren Bestandteilen, die nur ganz bestimmte Bewegungsformen ausführen können, wohingegen gerade die lebenswichtigen Teile eines Organismus, das Zellinnere, eine wässrige bzw. kolloide Lösung ist, die man kaum mit dem starren Aufbau unserer leistungsfähigsten Maschinen vergleichen kann. Aus solchen und anderen Gründen hat es auch in neuerer Zeit immer wieder herausragende Biologen gegeben, die die Maschinentheorie des Lebens anzweifelten (s. von Hartmann 1906). Hans Driesch beispielsweise, der Anfang des 20. Jahrhunderts bahnbrechende entwicklungsbiologische Experimente durchführte, glaubte in Anlehnung an Aristoteles, dass eine sogenannte Entelechie von außerhalb des Raumes die organische Materie steuere (Driesch 1928). Eine Entelechie (griech. „das Ziel in sich haben") ist bei Aristoteles das Formprinzip, das einem Stofflichen, insbesondere einem Organismus, seine Gestalt gibt und das Lebendige in ihm ist. Die Auffassung, nach der im lebenden Körper organismusspezifische Prinzipien wirken (eine Seele, Entelechie oder Lebenskraft) wird als Vitalismus bezeichnet.

Viele Menschen, die an ein Leben nach dem körperlichen Tod glauben, glauben zusätzlich, dass es sich um ein bewusstes Leben handele – aber ist Bewusstsein ohne Körper möglich? Wir alle erleben immer wieder die Abhängigkeit unseres Bewusstseins von materiellen Stoffen. Ohne genügend Sauerstoff werden wir bewusstlos, und über die Möglichkeit einer Vollnarkose vor einer Operation durch Inhalation bestimmter chemischer Stoffe ist jeder Patient sehr erfreut. Kann es trotz dieser offensichtlichen materiellen Beeinflussbarkeit ein körperloses Bewusstsein geben? Die Mehrzahl der heutigen Naturwissenschaftler bestreitet dies. Jedoch muss darauf hingewiesen werden, dass es eine allgemein akzeptierte naturwissenschaftliche Bewusstseinstheorie noch nicht gibt, und erst eine psycho-biophysikalische und experimentell getestete Theorie kann auf diese Frage eine wissenschaftlich befriedigende Antwort liefern.

Die empirischen Phänomene

Die Überlebenshypothese habe ich in meinem Buch von 2023 ausführlich besprochen; für die Hypothese vom Überleben des körperlichen Todes werden verschiedene Phänomenarten angeführt, die im Folgenden kurz dargestellt werden sollen. Bei den sogenannten *außerkörperlichen Erfahrungen* (z. B. Green 1968; Sabom 1982) hat man das Gefühl, sich außerhalb seines Körpers zu bewegen und von außerhalb seine Umwelt zu betrachten, was von einigen Autoren als Indiz dafür angesehen wird, dass das Bewusstsein ohne Körper existieren könne. Auf ähnliche Weise sollen auch die Geister von Verstorbenen fortexistieren und uns in den Séancen über Medien Botschaften übermitteln können. Bei diesen *Medienkundgebungen* (z. B. James 1910; Broad 1962, 1980; Gauld 1983; Mattiesen 1987) befindet sich eine Person in Trance und entweder hat sie angeblich Kontakt mit einem Geist (durch Telepathie), den man als die Kontrolle bezeichnet, oder diese Kontrolle ergreift Besitz von dem Körper des Mediums und benutzt ihre Sprechorgane, um ihre Botschaften zu übermitteln. Die Kontrolle behauptet, in Kontakt mit einem Verstorbenen (dem Kommunikator) zu stehen, der ein Verwandter oder Freund eines in der Séance anwesenden Sitzers sei. Die Botschaften, die die Kontrolle durch das Medium übermittelt, sind meistens Informationen über das irdische Leben und über Eigenarten des Verstorbenen, die in manchen Fällen sehr gut zu der vermutlichen Gedächtnisstruktur des Verstorbenen am Ende seines Lebens zu passen scheinen und die auch seinen charakterlichen Eigenarten und

Redewendungen, seinem Humor, der Gestik etc. zu entsprechen scheinen.

Verstorbene sollen außerdem in der Lage sein, sich als sogenannte *Erscheinungen* (z. B. Green, McCreery 1975; Hart et al. 1956; Mattiesen 1987) in unserer physikalischen Welt bemerkbar zu machen. Erscheinungen sind scheinbar physikalisch existierend sichtbar und treten vollständig oder teilweise mit einem Körper auf, den die Verstorbenen zu Lebzeiten hatten. Bei den *Sterbebett-Visionen* (z. B. Barrett 1926; Osis, Haraldsson 1978) erscheinen verstorbene Verwandte, Freunde oder auch irgendwelche anderen, scheinbar göttliche Wesen (Engel, Krishna u.ä.) dem Sterbenden, um ihn in die jenseitige Welt abzuholen oder ihn darauf vorzubereiten. Von sogenannten *Nahtoderlebnissen* (z. B. Moody 1977; Ring 1982, 1986) mit solchen Geisteswesen (Lichtwesen) berichten Personen, die dem körperlichen Tod sehr nahe gewesen sind – als klinisch tot beurteilt worden sind, im Koma gelegen haben o.ä. – und die im Zustand einer außerkörperlichen Erfahrung in eine jenseitige Welt geflogen, aber von dort aus wieder zurückgekehrt seien, da sie angeblich noch nicht körperlich sterben sollten. Von einem vor der Geburt stattgefundenen Kontakt mit einem jenseitigen Wesen berichten in ganz seltenen Fällen auch Kinder, die sich als körperliche Wiedergeburt einer in der Vergangenheit gelebten Person betrachten. Bei den *spontanen Reinkarnationsfällen* (z. B. Stevenson 1986, 1999, 2005) sind Kinder ebenso wie die Medien der Séancen in der Lage, sehr detailliert Informationen über das Leben eines Verstorbenen zu geben, mit dem sie sich aber über mehrere Jahre hinweg identifizieren, bevor ihre angeblichen Erinnerungen an dieses frühere Leben nach einigen Jahren immer mehr verblassen und zumeist irgendwann ganz aufhören. Vermeintliche Erinnerungen an frühere Leben werden außerdem in *hypnotischen Altersrückführungen* erlebt (z. B. Bernstein 1973; Stevenson 1984).

Kritiken

Die Kritiker der Überlebenshypothese führen als Argumente viele Faktoren an: Betrug, Halluzination, Telepathie, Kryptoamnesie, Verdrängung von Todesängsten, Wunschdenken, Suggestionen des Hypnotiseurs, unbewusste Informationsaufnahme, physiologische Hirnschäden der verschiedensten Arten, Nebenwirkungen von Medikamenten und Sauerstoffmangel. Aber je mehr Faktoren zur Erklärung für allein einen Phänomenbereich oder sogar für ein Fallbeispiel nötig sind, desto unplausibler wirkt dieser Standpunkt natürlich. Am wenigsten überzeugend erscheint mir die Geisterdeutung der Medienkundgebungen, denn hiergegen haben die Kritiker sehr viele und teilweise sehr überzeugende Argumente vorzubringen (z. B. die außergewöhnlichen Gedächtnis- und Fabulierleistungen von Hypnotisierten, das Phänomen des Krankheitsbildes der multiplen Persönlichkeit, negativ ausgefallene Tests mit zu Lebzeiten hinterlassenen versiegelten Botschaften u.a.). An die Mitteilungen von wirklichen Geistern in den Séancen kann man deshalb nur glauben, wenn man aufgrund anderer Argumente ohnehin von der Existenz der Verstorbenen überzeugt ist; zumindest soweit man keine persönlichen Erfahrungen hiermit hat und Medienkundgebungen nur vom Lesen kennt. Sehr interessant sind jedoch Sterbebett-Visionen und Nahtoderlebnisse; leider sind aber die Erlebnisse in einer angeblich jenseitigen Welt nicht direkt wissenschaftlich überprüfbar, so dass man lediglich die innere Konsistenz der Berichte aller Personen mit solchen Erlebnissen untersuchen kann und man sich auf indirekte Argumente wie dem vom kontinuierlichen Übergang der außerkörperlichen Erfahrungen zu den Erlebnissen in einer anderen Welt stützen muss.

Die Hinweise auf ein Überleben, die sich aus den Reinkarnationsfällen ergeben, sind nicht so umfangreich, wie die aus anderen Phänomenbereichen; insbesondere im Westen gibt es nur wenige interessante Fälle, aber aus theoretischen Gründen sind die Argumente der anderen Bereiche auch indirekte Argumente für die Wiedergeburt. Denn sollte ein menschlicher Körper zu seiner Steuerung eine Entelechie oder Seele benötigen, dann läge die Vermutung nahe, dass diese steuernde Instanz nicht für jeden entstehenden Körper erst neu erschaffen wird: Entsprechend der Komplexität des menschlichen Körpers sollte eine Entelechie ebenfalls eine komplexe Entität sein, eine mit dem Körper während der Embryogenese parallel sich erst herausbildende Entelechie wäre denkbar, aber nicht unbedingt zu erwarten, da diese doch schon dazu in der Lage sein soll, die hochkomplexe Genexpression der Vorgänge der ontogenetischen Entwicklung zu steuern. Plausibler wäre deshalb die Vermutung, dass Entelechien nacheinander verschiedene Körper steuern und dass die Komplexität solcher Instanzen sich während der phylogenetischen Evolution von den niedersten biologischen Lebewesen zum Menschen entwickelte.

Leitideen

Was die Postulierung einer Entelechie oder Seele betrifft, muss daran erinnert werden, dass Theorien zur Erklärung des Bewusstseins und der Biodynamik ohnehin noch gefunden werden müssen und allein zur Erklärung dieser Phänomene wird man sicherlich heute noch unbekannte Eigenschaften oder Entitäten der Natur postulieren müssen, wie in vorherigen Abschnitten erläutert wurde. Auch gibt es in der Physik wegen der QM immer mehr Physiker, die einen verborgenen Seinsbereich vermuten, und die Experimente zur Quantenteleportation lassen daran kaum noch einen Zweifel. Ein solcher zusätzlicher Seinsbereich der heutigen QM (Quantenvakuum, Äther oder wie immer man ihn benennen will) mag zwar kaum als Lebenswelt von Verstorbenen plausibel erscheinen, aber als Lagerungsstätte für entelechiale Strukturen, die von dort aus den Körper der physikalischen Realität steuern und die zwischen den Inkarnationen nur in einem Traumzustand sind, ist er denkbar (vgl. Heim 1994).

Gäbe es nur den einen Phänomenbereich beispielsweise der Medienkundgebungen, so wäre es durchaus vertretbar, dieses nur als Fabulierung plus Telepathie zu bewerten; gäbe es nur den einen Phänomenbereich der Erscheinungen, so wäre auch hier die Deutung der Halluzination akzeptabel; gäbe es nur den einen Bereich der Reinkarnationsfälle, so wäre es nahe liegend, die Krankheit der multiplen Persönlichkeit, verbunden mit der Fehldeutung des dargebotenen Wissens als Erinnerung an ein früheres Leben, zu vermuten. Aber alle Phänomenbereiche zusammen als einen Hinweis auf ein mögliches Überleben des körperlichen Todes zu ignorieren, scheint mir nicht sehr rational zu sein. Alle Phänomenbereiche zusammen genommen legen nahe, dass an der Überlebenshypothese etwas Wahres dran sein könnte. Natürlich kann man argumentieren, allen Phänomenen läge als Auslöser unsere Todesfurcht zugrunde und diese Todesfurcht produziere immer wieder irgendwelche Effekte, um sich mit dem Glauben an ein künftiges Leben zu trösten. Aber welche überzeugenden Argumente haben wir denn umgekehrt für den Standpunkt vom körperlichen Tod als dem endgültigen Ende? Wir beobachten, dass jeder höhere Organismus irgendwann zerfällt, aber in der Wissenschaft muss man auch in Betracht ziehen, dass es unbeobachtbare Dinge gibt und dass solche Entitäten eventuell den Zerfall des Körpers überdauern. Ein weiteres Argument ist unser fehlendes Erinnerungsvermögen an vorige Leben (abgesehen von den Kindern der Reinkarnationsfälle u.a.), aber selbst von unserer jetzigen frühen Kindheit haben wir kaum noch Erinnerungen, so dass Erinnerungen an ein vorangegangenes Leben ohnehin unwahrscheinlich sein sollten. Solange es keine wissenschaftlich getestete Bewusstseinstheorie und keine Theorie des Lebens (Biodynamik) gibt, lässt sich deshalb nicht zwingend behaupten, dass alle für die Überlebenshypothese angeführten Argumente keinerlei Aussagekraft besitzen. (Für die Teleonomie hat aber Chauvet schon viel geleistet.) Innerhalb des Computer-Weltbildes kann man sich die Seelen oder Entelechien der Lebewesen als Prozessoren vorstellen, welche die Prozesse jeweils eines Organismus steuern, so wie die Prozessoren eines Multiprozessorcomputers jeweils verschiedene Abbildungen erzeugen und steuern könnten. Ein Prozessor ist das Herzstück eines Computers; er steuert die Datenverarbeitung, führt Berechnungen und Vergleiche durch, speichert Ergebnisse etc. Es wäre somit denkbar, dass Parameter des Quantenvakuums als Teil der Persönlichkeit den körperlichen Tod überdauern und für Bewusstseinsprozesse im Vakuum bzw. Äther und für Reinkarnationen verantwortlich sind.

Diese Prozessordeutung der aristotelischen Entelechie könnte man in Zukunft im Rahmen des Forschungsprojektes „*Künstliches Leben*" genauer untersuchen. In dieser Forschungsrichtung bemüht man sich darum aufzuklären, was die Grundprinzipien des Lebens sind, indem man entweder reale biologische Organismen und künstliche Wesen in Computern simuliert oder augenscheinlich lebensähnliche Maschinen (Roboter) baut (s. Terzopoulos et al. 1994; Adami 1998; Langton 1995). Da für Simulationen ein Prozessor ohnehin nötig ist, kann man bei Untersuchungen im Sinne unserer Hypothese simulierte organismusspezifische Prozessoren zwanglos hinzufügen und deren Wirkungsmöglichkeiten genauer erforschen. Auf diese Weise könnte man z. B. nach dem

Tod eines Lebewesens den frei werdenden Prozessor für eine Neugeburt einsetzen, wodurch dieses Lebewesen eventuell Verhaltensweisen bekommt, die für den verstorbenen Organismus charakteristisch waren. Vielleicht wird man einmal aus derartigen Gedankenexperimenten Ideen für experimentelle Tests mit wirklichen Organismen erhalten.

10. Soziologie

In der Soziologie, einer sogenannten Geisteswissenschaft, gibt es mehrere ontologische und in diesem Sinne naturwissenschaftliche Fragestellungen. Mehrere Grundlagenprobleme der Soziologie, die seit ihrer Entstehung im 19. Jahrhundert als eigenständiger, von der Philosophie unabhängigen Wissenschaft immer wieder diskutiert werden, sollen in diesem Abschnitt im Rahmen unserer WWA besprochen werden. Es handelt sich hierbei um die Fragen, ob die Gesellschaft eine ontologische Entität mit einer gegenüber den physikalischen Gesetzen eigenen Gesetzlichkeit ist, ob die Soziologie überhaupt Gesetze zu suchen hat und nicht vielmehr die historisch-kulturellen und einmaligen Gegebenheiten nur beschreibend untersuchen soll, ob es um Verstehen statt um Erklären von sozialen Zusammenhängen geht, welche Faktoren beim sozialen Wandel ausschlaggebend sind und was Werte und Normen sind.

Eine der bedeutendsten Persönlichkeiten der Geschichte der Soziologie war Durkheim, der die Meinung vertrat, das Soziale bilde eine besondere ontologische Entität, deren Eigengesetzlichkeit von der Soziologie zu untersuchen sei (Jonas 1981). Von den Kritikern wurde dies als ein metaphysischer Irrglaube abqualifiziert; über den Köpfen der einzelnen Personen einer Gesellschaft schwebe nicht irgendeine metaphysische Wolke, die das Soziale ausmache, vielmehr würde eine Gesellschaft nur aus den einzelnen Personen und ihren Handlungen bestehen. Der bedeutendste Gegenspieler von Durkheim war Max Weber, nach dem Kollektivbegriffe wie Staat, Gesellschaft und Gruppe auf das Handeln der beteiligten Einzelmenschen zurückgeführt werden sollten, und deshalb sollten alle Erklärungen an die Motive der Einzelnen anknüpfen. Diese wissenschaftliche Streitfrage ist analog dem Reduktionsproblem der Biologie, bei dem es darum geht, ob alle biologischen Prozesse durch physikalische Gesetze der leblosen Materie erklärt werden können oder ob es besondere biologische Entitäten und Gesetze gibt. Wie bereits bei der Darlegung der WWA erläutert wurde, gibt es in der Biologie emergente Eigenschaften, die eigenen Gesetzen folgen, und ebenso kann nun angenommen werden, dass es auch in der Soziologie emergente Phänomene gibt. Da es selbst in der Physik Emergenz gibt, ist dies kein metaphysischer Irrtum, sondern eine wissenschaftliche Annahme, die mit den Methoden der Wissenschaft untersucht werden kann.

In jeder Gesellschaft gibt es eine Vielzahl von Systemeigenschaften, die allein durch das Handeln einzelner Personen nicht erklärt werden können. So ist die wissenschaftliche Rationalität eine typische Kollektiveigenschaft, denn ohne gründliches Literaturstudium und ohne die kritisierenden Publikationen der Kollegen könnte der einzelne Wissenschaftler seine eigenen Idiosynkrasien und seine oft festgefahrenen Grundeinstellungen nicht überwinden. Die Wissenschaft ist heute auch soweit fortgeschritten, dass sich kein Nachwuchswissenschaftler ohne die lehrende Vermittlung der älteren und ohne Fachliteratur in ein spezifisches Forschungsproblem einarbeiten kann. Andere typisch soziale Systemphänomene sind Kunst, Moral, Recht, das Rollenverhalten in Beruf und Familie und insgesamt die Befolgung von gesellschaftlichen Verhaltensnormen. Ontologisch ist eine Gesellschaft eine Einheit, die Einzelmenschen enthält, die aber mehr ist als die Summe aller Personen, ebenso wie ein Körper nicht nur die Ansammlung von Molekülen oder Zellen ist. In der Soziologie bezeichnet man diesen Unterschied zwischen den Interaktionen einzelner Personen und globalen gesellschaftlichen Gegebenheiten mit Mikrosoziologie und Makrosoziologie. Eine Gesellschaft enthält zwar Personen, aber gerade die hochmodernen Gesellschaften der heutigen Zeit enthalten wesentlich mehr, auch leblose Materie. Um sich das zu verdeutlichen, stelle man sich einmal vor, was in den Innenbezirken unserer großen Städte passieren würde, wenn schlagartig alle Verkehrsschilder, Ampeln usw. weggeräumt würden; das totale Verkehrschaos würde ausbrechen. Oder man stelle sich einmal vor, alle Gesetzesbücher und schriftlich festgehaltenen DIN-Vorschriften würden verschwinden.

Der Mensch ist ein eingeschachtelter Teil eines übergeordneten Systems, einer Gesellschaft, und im Bereich der Naturgesetze bedeutet das, dass es über der psychologischen Schicht eine soziologische mit eigenen Gesetzen gibt. Wie im Abschnitt über Schachtelung und Schichtung beschrieben wurde, kann angenommen werden, dass die Gesetze der höheren soziologischen Schicht die Gesetze der Psychologie und Biologie überformen. Der Unterschied zwischen Biologie und Soziologie kann durch mehrere Beispiele verdeutlicht werden. Dass für gesellschaftliche Prozesse teilweise andere Gesetze gelten als für biologische wird beispielsweise daraus deutlich, dass im 20. Jahrhundert in Europa sehr unterschiedliche Gesellschaftsstrukturen existiert haben, obwohl sich die Biologie der darin lebenden Personen nur unwesentlich voneinander unterschied. Die Biologie und die materielle Umwelt allein determinieren nicht die sozialen Prozesse. Biologisch bedingt hat der Mensch zwar die Tendenz zum Egoismus, er wird aber im Sozialisierungsprozess und durch soziale Kontrolle zum Sozialwesen. Sicherlich gibt es auch eine genetische Prädisposition zum Sozialen, diese wird aber erst durch soziale Mechanismen ausgestaltet. Auch ist offensichtlich, dass sich beispielsweise der reibungslose Autoverkehr und unser Rechtsverhalten nicht allein durch die Soziobiologie erklären lassen, da kein anderes Lebewesen über die Schriftsprache verfügt. Menschen unterscheiden sich von Tieren durch ihre wesentlich größere Intelligenz, wodurch sie in der Lage sind, Teile einer übergeordneten sozialen Einheit zu sein, wie es sie in dieser Form sonst nirgendwo in der Biologie gibt (auch wenn es rudimentäre Analogien gibt), weshalb man in Psychologie und Soziologie im Gegensatz zur Biologie zurecht zwischen Mensch und Tier unterscheidet. Zwar leben beispielsweise auch Bienen und Ameisen in einer sozialen Ordnung, diese besteht aber nicht aus Institutionen – Werten und Normen –, weil Tiere im Gegensatz zum Menschen keine sehr hohe Fähigkeit der Symbolverarbeitung und der sprachlichen Kommunikation mittels Symbolen haben. (Und selbst bei den Menschenaffen wird man sicherlich auch keine meditativen Bewusstseinsübungen antreffen.) Zwischen Mensch und Tier gibt es ebenso große Unterschiede wie zwischen Tier und Pflanze, auch wenn alle drei viele Gemeinsamkeiten besitzen. Mensch und Tier unterscheiden sich aber hauptsächlich auf der psychologischen und soziologischen Ebene und nicht so sehr auf der biologischen, und eine internationale Ebene mit politisch-diplomatischen Beziehungen gibt es im Tierreich überhaupt nicht.

Trotz aller Unterschiede zwischen einem menschlichen Körper und einer Gesellschaft ist ein analogiemäßiger Vergleich sehr lehrreich. Bereits in der Antike hatten manche Autoren die Gesellschaft mit dem Körper eines Lebewesens verglichen. So wie der Magen dem materiellen Überleben und dem Wachstum dient, so dienen auch Handwerk und Industrie dem Überleben und Wachstum der Gesellschaft. Systemtheorie und Funktionalismus, die ursprünglich in der Biologie entstanden sind, sind wegen derartiger Analogien schnell auf die Gesellschaft übertragen worden (vgl. Reimann et al. 1985; Jonas 1981). Verglichen mit dem Körper der Lebewesen können Institutionen und Organisationen als die Organe der Gesellschaft bezeichnet werden; sie sind relativ abgegrenzte Einheiten mit dem Ziel des Überlebens der übergeordneten Einheit, der Gesellschaft. Institutionen sind Systeme von Handlungsstandardisierungen, Werten und Normen zur Erreichung bestimmter Interessen: Die Familie dient dem Zusammenleben und dem Großziehen des Nachwuchses, die Politik der Sicherung des Gesamtwohls und der Wahrung der Interessen gegenüber den Nachbarstaaten, und ein wissenschaftliches Institut dient der Erzeugung von Wissen. Der Vergleich mit dem Körper wird, wie bereits oben getan, gern auch dazu herangezogen zu verdeutlichen, dass eine Gesellschaft mehr ist als die Summe aller Personen, so wie der gesamte Körper mehr ist als die Summe aller Zellen. Und wie ein Körper zusätzlich zu den lebenden Zellen aus im Grunde genommen leblosen Knochen besteht (vom Mark abgesehen), so besteht eine moderne Gesellschaft nicht nur aus Personen, sondern zum Beispiel auch aus Büchern und Fabrikanlagen. Der Vergleich mit dem Körper hat natürlich auch seine Grenzen; eine höhere ontologische Schicht ist eben nicht einfach die Wiederholung einer niederen. So dienen nicht alle Institutionen der Gesellschaft dem Überleben der Gesamtgesellschaft; es gibt hier auch viel Spielerisches, etwa die Vereinigung von Briefmarkensammlern oder jede echte Form von Kunst.

Zu den interessantesten Entitäten einer Gesellschaft zählen die Werte und Normen. Welchen ontologischen Status diese haben, was sie von ihrer Natur her sind, wird in der Soziologie immer wieder neu diskutiert

(s. Hechter et al. 1993). Schaut man sich nur einmal die Kapitelüberschriften von Büchern über Werte an (z. B. Hartmann 1949b; Schorlemmer 1995; Wickert 1995), so findet man dort Ausdrücke wie Gerechtigkeit, Freiheit, Solidarität, Wahrhaftigkeit, Verantwortung, Zivilcourage, Nächstenliebe, Weisheit etc. Diejenigen Soziologen, die der Meinung sind, eine Gesellschaft wäre lediglich die Summe aller Einzelpersonen, vertreten die Position, dass Werte nur die psychologischen Präferenzen der Menschen seien. Im Rahmen der hier dargestellten WWA kann demgegenüber angenommen werden, dass sie Emergenzeigenschaften der gesamten Gesellschaft sind. So wie die biologischen Prozesse in einem Körperorgan darauf abzielen, bestimmte Funktionen zu erfüllen, so sind Werte die Zielzustände einer Gesellschaft, die hauptsächlich – aber nicht nur – darauf abzielen, den Bestand und die Fortentwicklung der Gesellschaft zu gewährleisten. Man kann sich dies wieder mit der Computer-Metapher verdeutlichen. Will man ein Computerprogramm schreiben, um eine Stadt zu simulieren, so reicht es nicht aus, einfach nur für die Personen dieser Stadt Programme zu entwerfen, welche bestimmen, wie die Personen ihre Arme und Beine zu bewegen haben, wie sie miteinander sprechen etc. Damit eine Computerstadt über einen längeren Zeitraum hinweg funktioniert, müssen im Stadtprogramm allgemeine Randbedingungen, Regeln gegeben sein, die die Personen einhalten müssen, damit die Stadt (ihre Verwaltung etc.) funktioniert. Diese Regeln könnten beispielsweise so fixiert sein, dass die Personen in Büchern nachlesen können, was sie zu tun haben, oder dass sie es von anderen Personen gesagt bekommen, und dass sie diese Regeln dann ins eigene Personenprogramm integrieren und sich fortan daran halten.

In diesem Sinn kann man Werte als gesellschaftliche Sollzustände auffassen, und Normen sind Handlungsanweisungen zur Erreichung dieser Ziele (vgl. Laszlo 1996). Ob etwas ein Wert oder eine Norm ist, ist jedoch relativ. Ziele können in Unterziele aufgegliedert werden, und ein Unterziel kann relativ zum höhergelegenen Ziel als Norm und relativ zu einem darunter gelegenen Unter-Unterziel als Wert aufgefasst werden. Zum Bestand einer Gesellschaft ist in allen Gesellschaftsformen nötig, dass sich ihre Mitglieder nicht gegenseitig ermorden. Neben solchen existenznotwendigen Werten und Normen gibt es viele andere, die eher zufällig sind (beispielsweise der Wert des technologischen Fortschritts), die aber zur Fortentwicklung der Gesellschaft beitragen können und durch die sich die vielen Gesellschaften und Kulturen der Welt voneinander unterscheiden. Welche Werte und Normen existenznotwendig und welche eher zufällig sind, welche es in allen Gesellschaftsformen gibt und welche nur in einigen, ist eine sehr interessante Forschungsaufgabe von Soziologie und Ethnologie. Das Wissen darüber ist aber nicht allein von akademischem Interesse, denn bei den existenznotwendigen Werten und Normen ist in der Erziehung besonders stark darauf zu achten, dass der Nachwuchs sie als die eigenen Motive und Ziele internalisiert. (Hat eine Person Werte internalisiert, dann spricht man auch von den Tugenden des Menschen.)

Da Werte und Normen soziale Entitäten sind, muss ihre Beachtung von den Gesellschaftsmitgliedern hauptsächlich durch soziale Mittel bewirkt werden. Zwar gibt es sicherlich eine genetische Grundlage zum Sozialverhalten, angesichts der kriminellen Delikte in allen Gesellschaften gewährleistet dies jedoch offensichtlich nicht genügend das moralische Verhalten. Auch reichen rationale Argumentationen nicht aus, Menschen zum moralischen Verhalten zu bewegen, da sich kein Mensch nur von Rationalität leiten lässt. Von philosophischen Sätzen wie „Handle so, dass die Maxime deines Willens jederzeit zugleich als Prinzip einer allgemeinen Gesetzgebung gelten könne." (Kant) lassen sich nur diejenigen leiten, die ohnehin die Moral befolgen wollen. Natürlich spielen bei der Erziehung und im täglichen Leben u.a. auch rationale Argumente eine Rolle, aber schon David Hume hatte betont, dass nicht die Vernunft, nicht die rationale Einsicht, sondern Gewohnheit und Erziehung die Grundlagen von Institutionen und Moral bilden (s. Jonas 1981). Wegen der Vielzahl der unterschiedlichsten Faktoren ist es besonders wichtig, die Mechanismen des Erziehungsprozesses und der Sozialisierung wissenschaftlich zu erforschen, um auf diesen Erkenntnissen aufbauend die Kinder in den Familien und in den Schulen dazu zu veranlassen, die Werte und Normen der Gesellschaft in die eigenen kognitiven Strukturen zu integrieren, d.h. sie zu internalisieren, damit die Ziele der Gesellschaft zu ihren eigenen, persönlichen Zielen werden. Menschen tendieren zum Beispiel zum Nachahmen und deshalb sind die vielen Gewalt-Filme im Fernsehen sehr nachteilig und können auf lange Sicht eine verheerende Wirkung auf die Gesellschaften haben.

Bemerkenswert am Prozess der Internalisierung ist auch, dass die Normen anfangs als Zwang erlebt werden, dass sie aber nach ihrer Verinnerlichung oftmals unbewusst ausgeführt und nicht mehr als bedrückend empfunden werden, dass sie dann manchmal sogar als Ziel oder Mittel der Selbstverwirklichung betrachtet werden. Gut erläutern kann man das mit dem Erlernen des Autofahrens. In der Fahrschule ist das Erlernen des Fahrens eine oftmals unangenehme Last, der man sich am liebsten entziehen möchte. Hat man dann aber den Führerschein und führt viele der nötigen Hand- und Fußbewegungen fast unbewusst aus, so empfindet man diese Handlungsvorschriften nicht mehr als Last und man kann die Beherrschung der Handlungsstandards dazu benutzen, ins Gebirge, an die See oder in eine schöne Stadt zu fahren, um sich dort seinen Hobbies zu widmen und seine Ziele und Wünsche zu verwirklichen. Der anfängliche Zwang ist oft lästig, die spätere Beherrschung kann eine Lust sein; dies gilt auch für die gesellschaftlichen Etiketten.

Ein weiteres lohnenswertes Forschungsthema der Soziologie ergibt sich aus der Frage nach dem Verhältnis der soziologischen Ebenen zueinander, ihrem Zusammenwirken. Die Werte und Normen der Gesellschaft (= Makroebene) bewirken ihre Realisierung durch die Menschen (= Mikroebene) nicht auf die Weise, wie in einem biologischen Organismus die Organe ihre Funktionen erfüllen. Die teleonome Zielerreichung der biologischen Prozesse erfolgt zumeist unfehlbar und automatisch, demgegenüber haben die Werte der Gesellschaft dem Einzelmenschen gegenüber nur einen Aufforderungscharakter, den die Menschen oft nicht befolgen. Dieser Unterschied verdeutlicht noch einmal, dass sich die Gesetzesform einer ontologischen Schicht auf einer höheren nicht auf exakt gleiche Weise wiederholt. Der Zwang des Staates auf die Einzelmenschen zur Befolgung der Normen kann aber – wie die verschiedenen demokratischen und diktatorischen Staaten der Welt belegen – unterschiedlich stark sein. Deshalb ist eine besonders interessante Frage, wie viel Liberalität in einer Gesellschaft möglich ist, damit sich die Individuen in ihr wohlfühlen, und wie viel staatliche Kontrolle nötig ist, damit die Gesellschaft nicht in sich bekämpfende Partikularinteressen zerfällt. Zuviel Liberalität bewirkt, dass einzelne Unternehmer ganze Bevölkerungsschichten ausbeuten, zuviel Staat bewirkt, dass Diktatoren oder Parteien das ganze Volk unterdrücken. Um dieses Verhältnis der Mikro- und Makroebene einer Gesellschaft, aber auch das der biologischen, psychologischen und soziologischen Schichten zueinander, untersuchen zu können, wird man vermutlich die einzelnen Ebenen und ihre Interrelationen erst noch wissenschaftlich präziser formulieren müssen, entweder formal-mathematisch oder stärker qualitativ in Form von Flussdiagrammen, Netzwerken o.ä.

Ein weiteres interessantes Forschungsthema der Soziologie ist die Frage nach den Faktoren des gesellschaftlichen Wandels. Zwei Gegenpositionen hierzu wurden in der Soziologiegeschichte von Karl Marx und Max Weber vertreten (vgl. Jonas 1981). Für Marx waren die Gesellschaften hauptsächlich Wirtschaftsgesellschaften, in denen wirtschaftliche Motive und Institutionen die entscheidende Rolle spielen: Der materielle Unterbau, die Produktionsverhältnisse, bestimme die gesellschaftliche Dynamik. Demgegenüber meinte Weber, dass kulturelle Faktoren, die Ideen und Werte einer Gesellschaft wichtiger für den sozialen Wandel seien. Marx wollte die Dynamik der Gesellschaft von unten her erklären, Weber von oben, und aus der Sicht unserer WWA ist bei diesem Diskussionsthema eher Max Weber zuzustimmen. Wie im Abschnitt über Schachtelung und Schichtung beschrieben wurde, ist die Welt geschichtet geordnet, wobei die höhere Schicht auf der niederen zwar aufruht, aber die Dynamik der Komponenten der niederen Schicht steuert. Natürlich kann auch die niedere Schicht die Entwicklung beeinflussen. Wenn zum Beispiel in der Biologie ein Körper keine Nahrung erhält, dann wird das Gehirn bald keine steuernde Wirkung mehr ausüben können. Ebenso können eher zufällige Veränderungen der Produktionsverhältnisse eine Gesellschaft drastisch beeinflussen und anhaltend verändern; beispielsweise bei Naturkatastrophen, die die Ernte zerstören, oder bei einem globalen Klimawechsel, welcher die Produktionsverhältnisse und dadurch auch die staatliche Organisation verändert. In der Regel haben aber die schichthöheren Entitäten den dominierenden Einfluss auf die Dynamik. Besonders deutlich ist das bei den modernen Industriestaaten; aufgrund der bei uns etablierten Werte der Meinungsfreiheit, der Freiheit der wissenschaftlichen Forschung und vor allem des Wertes der naturwissenschaftlichen Erkenntnis konnte sich im Westen die Naturwissenschaft entwickeln, auf deren Grundlage sich das Ingenieurwesen entwickelte, dessen Erfindungen die technische Entwicklung und dadurch den industriellen Wohlstand bewirkten. Ohne solche Werte wie Wahrhaftigkeit und Meinungsfreiheit wäre die moderne Gesellschaft in ihrer heutigen Form nicht entstanden. Der intellektuelle Überbau einer Gesellschaft ermöglichte erst bestimmte Produktionsverhältnisse, wenngleich umgekehrt anderweitig bedingte Veränderungen der Wirtschaft auch Einfluss auf die intellektuelle Führungsschicht und auf die Werteebene haben können. Das genaue Zusammenwirkungsgeflecht der verschiedenen Ebenen ist sicherlich noch zu wenig bekannt, so wie auch in der Biologie die Schichtentheorie noch sehr unterentwickelt ist. Die Makroebene beeinflusst die Mikroebene; dies bedeutet aber nicht, dass die Individuen alles nur passiv hinnehmen. Einzelpersonen können sich auflehnen und können Auslöser sein für Veränderungen auf der Makroebene. Die Ideen einzelner Personen können sich zu Werten der gesamten Gesellschaft entwickeln, so wie im Laser die Wellenlänge eines Atoms zum Ordnungsparameter des gesamten Systems werden kann. Hierin liegt der berechtigte Kern des Individualismus, welcher die westlichen Gesellschaften in den letzten Jahrhunderten so sehr vorangetrieben hat.

Veränderungen im Wertesystem bewirken Veränderungen im Verhalten der Individuen, aber welche genauen Faktoren bei der Wertentstehung und -entwicklung eine Rolle spielen, ist noch nicht genügend erforscht. Sind soziale Konflikte die Folge oder die Ursache davon? Kann die Philosophie bei der Wertentwicklung eine Art Kristallisationspunkt sein, indem Philosophen schon existente, aber noch weitgehend unbewusste Werte ins Bewusstsein heben und dadurch ihre gesellschaftliche Ausbreitungsgeschwindigkeit erhöhen? Während der Renaissance und während der Aufklärung hatten viele Philosophen diesen Einfluss auf die europäischen Gesellschaften gehabt und dadurch im ersten Fall das dunkle Mittelalter beendet und im zweiten Fall die heutige kulturelle Epoche mit den modernen Gesellschaften eingeleitet.

Zum Schluss des Abschnitts über Soziologie sollen noch zwei methodologische Streitthemen dieser Wissenschaft angesprochen werden, das

Thema *„Erklären versus Verstehen"* und das Thema *„Gesetze versus Einmaligkeit"* (vgl. Reimann et al. 1985). Diejenigen Vertreter der Soziologie, die die soziologische Forschung in einem eher naturwissenschaftlichen Sinn durchführen, suchen nach kausalen Erklärungen (nach Ursachen) der sozialen Prozesse und nach allgemeingültigen Gesetzen. Demgegenüber meinen eher geisteswissenschaftlich orientierte Soziologen, dass jede Gesellschaft eine historisch-kulturelle Einmaligkeit ist, für die man keine allgemeinen Gesetze formulieren könne, und dass es in der Soziologie nicht darum gehe, kausale Ursachen zu suchen, sondern die Motive und Ziele der Individuen zu verstehen. Aus der Sicht unserer WWA sind aber „Erklären" durch Ursachen und „Verstehen" von Zielen und Motiven keine sich ausschließenden Gegensätze. Schon in der Biologie, die zweifelsohne eine Naturwissenschaft ist, kommt man nicht völlig ohne funktionelle Zielzustände aus. In der Biologie ist das „Verstehen" von Zielen eine teleonome Erklärung. Der Unterschied zur Psychologie und Soziologie ist lediglich der, dass in diesen beiden Bereichen die Zielzustände teilweise bewusst sind, so dass man hier nicht von teleonomen, sondern von teleologischen Erklärungen spricht. Einen unbehebbaren Widerspruch zur Physik braucht man dabei nicht zu befürchten. Die heutige Unvollständigkeit unseres Naturwissens liegt hier vor allem auf der Seite der Physik, was durch eine künftige biophysikalische Theorie der Teleonomie behoben werden kann.

Was die Problematik „Einmaligkeit" der historisch-kulturellen Gegebenheiten versus Suche nach „Gesetzen" betrifft, so ist die Kosmologie zweifelsohne eine Naturwissenschaft, obwohl sie sich mit einem einmaligen Objekt und einem einmaligen Prozess – dem Universum und seiner Entwicklung – beschäftigt. In der Kosmologie werden neben einmaligen Vorgängen auch gesetzmäßige behandelt (vgl. Vollmer 1986); dieses sollte also auch in der Soziologie möglich sein, gleichgültig ob man sie als Natur- oder als Geisteswissenschaft betrachtet. Egal ob man die Schichten der Physik und Biologie betrachtet oder die Schichten der Psychologie und Soziologie, im Rahmen unserer WWA sind singuläre Vorfälle überall möglich. Die Informationsverarbeitung im Äther kann neben gesetzmäßigen Prozessen auch einmalige Vorfälle bewirken, so wie man einen Computer derart programmieren kann, dass bestimmte

Vorgänge nur einmal geschehen. In der wissenschaftlichen Forschung geht es nirgendwo nur darum, Gesetze zu finden. Vielmehr möchten Wissenschaftler unsere Welt erkunden, wie sie faktisch ist. Gesetzmäßige Prozesse, wo sie auftreten, sollen durch Gesetze erklärt werden, einmalige Vorfälle, wo sie auftreten, als solche Einmaligkeiten dokumentiert werden. Gesetze finden wird man allerdings nur, wenn man sie auch sucht. Vermutet werden kann jedoch, dass singuläre Ereignisse umso häufiger auftreten, je höher die betrachtete Systemebene liegt.

11. Liebe zur Weisheit

Wie die vorangegangenen Kapitel gezeigt haben, kann die Naturphilosophie den Wissenschaftlern zahlreiche Hinweise geben, auf welche Weise bestehende Probleme gelöst werden, wie die Theorien zur Erklärung mancher Phänomene aussehen könnten und was für neue Forschungsrichtungen angegangen werden sollten. Wie die Behaviorismus-Periode der Psychologie gezeigt hat, verrennen sich manchmal auch Wissenschaftler in abstruse Einstellungen und Ideen, so dass es auch weiterhin eine wichtige Aufgabe der Philosophie sein wird, hier, wenn nötig, auf Fehlentwicklungen hinzuweisen und in der Philosophie unbeirrt Lösungswege zu beschreiten, auch wenn die Wissenschaftler von der hohen Warte ihrer oft tatsächlichen, manchmal aber nur eingebildeten Fachkompetenz vorgeben, alles besser zu wissen.

Wenn man sich die Entwicklung der Naturwissenschaft näher betrachtet, so fällt auf, dass manchmal Ideen, die schon längst als überwunden galten, plötzlich wieder – eventuell in abgewandelter Form – auftauchen, wieder diskutiert werden und schließlich von vielen wieder akzeptiert werden. So ist es dem Ganzheitsbegriff ergangen, der spätestens seit den Experimenten zur Bellschen Ungleichung von vielen Physikern wieder benutzt wird. So scheint es nun auch dem Begriff der Zielgerichtetheit biologischer Prozesse in Form von Teleonomie zu ergehen. Es ist deshalb nicht auszuschließen, dass es auch weiteren Begriffen, die heute nur noch im Rahmen der Philosophiegeschichte besprochen werden, ähnlich ergehen wird. Wenn man bedenkt, wie wenig wir über die Prozesse im Vakuum wissen, ist nicht auszuschließen, dass es vielleicht auch dem Begriff der „ausgleichenden Gerechtigkeit" oder dem vom Karma, wie man in der östlichen Philosophie sagt, ähnlich ergehen könnte. Platon glaubte, dass man nach dem Tod in einer Form wiedergeboren wird, die vom vorherigen Lebenswandel mitbestimmt wird (vgl. Arendes 2024). Jemand, der sich im vergangenen Leben wie ein Schurke benommen hat, wird nach Platon in einer Tiergestalt wiedergeboren, die seinem vorherigen schweinischen Benehmen angemessen ist. Man sollte nicht vorschnell über die Gedanken der alten Weisen lachen. Natürlich spricht der Augenschein gegen die ausgleichende Gerechtigkeit; aber große und komplexe psycho-soziale Entwicklungslinien durchschauen wir heute nur wenig. Vielleicht führen die Naturgesetze auch nur in bestimmten Situationen zum nachträglichen Ausgleich. Über psychologische und soziologische Naturgesetze wissen wir heute zu wenig, um darüber verlässliche Aussagen machen zu können. Kluge Menschen stellen sich aber bei wichtigen Dingen auf alle Eventualitäten ein und richten ihr Handeln danach.

Bisher ist nur besprochen worden, wie man auf der Grundlage unserer WWA die wissenschaftliche Forschung durch philosophische Leitideen unterstützen kann, unsere WWA kann aber umgekehrt auch Auswirkungen auf die Tätigkeiten der Philosophen haben. Philosophie bedeutet wörtlich übersetzt *„Liebe zur Weisheit"*. Was aber ist Weisheit und welches sollte die wichtigste Aufgabe der Philosophie sein, wenn sie sich tatsächlich um Weisheit bemühen will? Wie bei der Beschreibung der WWA ausführlich erläutert wurde, hat die Welt eine geschichtete Struktur und auf einer der höchsten Systemebenen, der soziologischen, treten Werte und Normen auf, die die Handlungen der Menschen beeinflussen. Im Rahmen unserer WWA ist Weisheit das Bemühen, auf der Basis einer profunden Welt- und Selbsterkenntnis die Werte der Gesellschaft zu verwirklichen und weiter zu entwickeln, aber natürlich mit der stoischen Gelassenheit eines Menschen, der sich bewusst ist, dass zumindest ein großer Teil der Natur von Gesetzen beherrscht wird, denen gegenüber man machtlos ist. Eine der grundlegendsten Aufgaben der Philosophie ist deshalb die Beschäftigung mit Werten und Normen, kurz gesagt mit Moral bzw. Ethik; dies aber nicht nur, indem man darüber nachdenkt und redet, sondern auch, indem man als Philosoph die Werte tatsächlich internalisiert und danach lebt.

Wenn man nur ein wenig darüber nachdenkt, wird einem sofort klar, dass es nicht zu den höchsten Werten zählt, von unseren Konsumgütern immer gleich das neueste Modell zu besitzen, und schon gar nicht zeugt es von Weisheit, sogar mit kriminellen oder zumindest unmoralischen

Mitteln das Geld dafür in mühevoller Arbeitszeit – die selbst vielleicht wertvoller ist als das Konsumgut – zusammenzuraffen. Bescheidenheit galt schon immer als ein äußeres Merkmal des Weisen, ohne dass jedoch der Weise auf das Angenehme des Lebens, das ihm zufällt, verzichten muss. Weisheit bedeutet innere Unabhängigkeit von äußeren Gütern und nicht Askese. Der schon mehrfach zitierte Nicolai Hartmann schrieb in seiner „*Ethik*" über Weisheit: „Die Gesinnung des Weisen ist die aus der Bescheidenheit seiner Selbsterkenntnis heraus auf die ethischen Werte gerichtete Einstellung des Menschen." Und an anderer Stelle: „Die sapientia ist der ethische Geschmack, und zwar der feine, differenzierte, wertunterscheidende, kultivierte Geschmack, die Kultur des moralischen Organs, sofern es, auf die Lebensfülle gerichtet, Fühlung mit allem bedeutet und bejahende, auswertende Einstellung auf alles, was wertvoll ist" (Hartmann 1949b: 428).

Der Weise denkt nicht nur an sein eigenes Leben, sondern auch, da sein Leben in eine Gesellschaft eingebunden ist, an das Wohl der gesamten Gesellschaft. Hier ist nun eine der wichtigsten Aufgaben der Philosophie, zusammen mit den Soziologen die Werte der Gesellschaft zu untersuchen, sie der Gesellschaft bewusst zu machen, sie weiter zu entwickeln, ihre Verwirklichung in der Gesellschaft zu überwachen und unter Umständen – zusammen mit anderen Bevölkerungsgruppen wie den Politikern, Schriftstellern, Journalisten, Unternehmern etc. – neue Werte zu etablieren. Dieser Aufgabe, neue Werte zu entwickeln und zu verbreiten, stehen wir gerade in der heutigen Zeit globaler gesellschaftlicher Veränderungen gegenüber. Drei Beispiele sollen dies veranschaulichen: In der Wissenschaft wird es in Zukunft darum gehen, den Wert der *Geisteswissenschaften* gegenüber den Ingenieur- und Naturwissenschaften zu betonen. Das auf unsere Naturkenntnisse aufbauende technische Vermögen reicht bereits aus, um alle Menschen der Welt zu ernähren und ihnen ein menschenwürdiges Dasein zu ermöglichen. Wir wissen aber relativ wenig über die Psychologie und Soziologie des Menschen, also über uns selbst; warum Menschen nicht fähig sind, von ihrem überschäumenden Reichtum den Armen etwas abzugeben, warum Machthaber ihr eigenes Volk belügen und betrügen, warum Geld so viel und Idealismus so wenig gilt. Die experimentelle und theoretische Biophysik wird in naher Zukunft das Fundament dafür legen, dass viele weitere Krankheiten – z. B. die des Gehirns – geheilt werden können. Damit aber dieses Wissen nur zum Heilen benutzt wird und nicht auch, um die Menschen zu schädigen – etwa durch Hirnmanipulationen –, ist vorher ein solides moralisches Fundament unserer Gesellschaft nötig. Um die Methoden zur moralischen Erziehung und die Fähigkeit zur Teilnahme an gesellschaftlich-politischen Vorgängen zu verbessern, ist ein wesentlich umfangreicheres geisteswissenschaftliches Wissen der Bevölkerung nötig, wofür es auch weiterer geisteswissenschaftlicher Forschungen bedarf.

Das zweite Beispiel für die Etablierung neuer oder die Stärkung bereits vorhandener Werte betrifft den Begriff der *Kooperation*. Im Zuge der darwinistischen Evolutionstheorie hat sich eine teilweise rücksichtslose Wettkampfmentalität durchgesetzt, die die westlichen Gesellschaften zunehmend zerrüttet. Auf dem Gebiet der Evolutionsforschung hat es aber schon vor geraumer Zeit bedeutende Veränderungen gegeben, die jedoch in der Öffentlichkeit kaum beachtet werden. Wie im Abschnitt über Evolution dargestellt wurde, ist in Eigens Theorie der Entstehung der biologischen Information die Kooperation einer der wichtigsten Evolutionsfaktoren. Wenn man bedenkt, dass sich im Lauf der Evolution die ursprüngliche Elementarteilchenansammlung nach dem Urknall zusammenlagerte zu Atomen, Molekülen, Zellen, Organismen, Staaten und Kulturkreisen, so wird offensichtlich, dass die Kooperation ein wichtiger Evolutionsfaktor sein muss. Die großen Fortschritte kommen primär durch Kooperation zustande und dies sollte man auf der gesellschaftlichen und der internationalen Systemebene stärker beachten. Auf der internationalen Ebene sollte man deshalb beispielsweise die UN weiter stärken, um so eine internationale Kooperation voranzutreiben und den Selektionsfaktor (Krieg, Ausbeutung und kulturelle Unterdrückung) zurückzudrängen.

Das letzte Beispiel für die Etablierung neuer Werte betrifft die allgemeine Lebensweise. De facto betrachten es heute die meisten Menschen im Westen als das Wichtigste, möglichst viel Geld zu bekommen, um sich möglichst viel Konsumgüter kaufen zu können, vermeintlich um dadurch möglichst viel Prestige und Glück zu erhalten. Bei der ständig wachsenden Erdbevölkerung würde es aber die Erde nicht mehr lange verkraften, wenn auch die vielen Menschen in Asien und anderswo diese Lebensweise führen würden. Da man von den Asiaten und den Menschen in den Entwicklungsländern nicht verlangen kann, dass nur sie bescheiden leben sollen, müssen auch die Menschen im Westen in Zukunft weniger konsumieren. Da unsere Welt nun einmal begrenzt ist, wird diese Bescheidenheit in Zukunft vermutlich kommen – die Frage ist nur, ob wir das friedlich erreichen oder durch Konflikte, Kriege und Klimakatastrophen. Es muss deshalb auch im Westen wieder angestrebt werden, dass nicht das Geld (bzw. der materielle Konsum) der höchste Wert ist, vielmehr sollten wieder innere Werte in den Vordergrund rücken. Nicht Geld und Konsum sollten die Basis sein für Sozialprestige (was eine Hauptursache der Geldgier ist), sondern eine *edle Persönlichkeit*. Die Ausbildung des Edlen sollte man in Zukunft als einen der höchsten Werte anstreben. Dies bedeutet, dass man sich um Platons drei höchsten Werte bemühen sollte, um das *Gute, Schöne und Wahre* als charakterliche Grundbausteine einer Gesellschaft der Edlen. Dabei bedeutet das Streben nach dem Guten der Einsatz für das Wohl der Gesellschaft in ihrer Gesamtheit und für das Wohl der einzelnen Mitmenschen.

Zusammengefasst ist die Philosophie ein Ort, wo die Werte der Gesellschaft explizit ausgearbeitet und diskutiert werden sollen. Philosophie ist ein Elfenbeinturm, der weit ins Land hinaus Sinn und Orientierung ausstrahlen soll.

Anhang

A. Deutungsprobleme in der Quantenmechanik

In der QM steht man einer Vielzahl von mathematischen Aussagen und experimentellen Ergebnissen gegenüber, die man mit den klassischen Vorstellungen der Physik nicht verstehen kann. Die wichtigsten Probleme der nichtrelativistischen QM sind im Folgenden kurz zusammengestellt (das EPR-Paradox und die Verletzung der Bellschen Ungleichung werden in Abschnitt 3.7 beschrieben).[1] Eine ausführlichere Behandlung dieses Themas habe ich in meinem Buch über *„Das Realismusproblem in der Quantenmechanik"* gegeben.

Welle-Teilchen Dualismus: 1909 formulierte Einstein zum ersten Mal explizit den Dualismus von Welle und Teilchen, wonach Licht eine Wellen- und eine Teilchennatur hat, und später wurde dies auf alle Objekte übertragen. Nun ist aber eine Welle begrifflich etwas anderes als ein Teilchen; ein Teilchen ist eine räumlich abgegrenzte Substanz, eine Welle ist ein raumzeitliches Muster eines Trägermediums. Beides gleichzeitig zu sein, ist logisch ausgeschlossen. Und doch legen Experimente und die QM dieses nahe: Im Doppelspaltexperiment bewirkt Licht, das durch zwei kleine Löcher eines schwarzen Schirms gegangen ist, auf einer Fotoplatte teilchenförmige Schwärzungen, viele solcher Schwärzungen erzeugen zusammen ein Muster, das auf wellenartige Interferenzen hindeutet.

---

[1] Über Interpretationsprobleme der relativistischen und der statistischen QM (Lösungen mit negativer Energie, Unendlichkeitswerte, Zählweise verschiedener Zustände etc.) vgl. Stöckler 1984, 1997.

Bedeutung der Zustandsfunktion: In der QM gibt es mehrere gleichberechtigte mathematische Formalismen. Im Schrödingerbild hat man als Lösung der Schrödinger-Gleichung die Zustandsfunktion Ψ und das Besondere an dieser Psi-Funktion ist, dass man sie schreiben kann als eine Summe der den möglichen Messwerten zugeordneten Eigenfunktionen: $\Psi = \sum_k c_k u_k$. Die Vorfaktoren c_k der einzelnen Eigenfunktionen sind in quadratischer Form ($|c_k|^2$) ein Maß für die Wahrscheinlichkeit, das Objekt im Eigenzustand u_k mit dem Messwert a_k vorzufinden. Eine vieldiskutierte Frage ist nun, welche physikalische Bedeutung der Zustandsfunktion zukommt. Ist sie der Repräsentant des physikalischen Objektes im Formalismus? Wäre sie es nicht, dann wüsste man überhaupt nicht, wie das Objekt im Formalismus dargestellt sein soll. Ist sie es aber, dann ergeben sich anderweitig ernsthafte Verständnisschwierigkeiten. Die Ψ-Funktion lässt sich formulieren als eine Superposition aller möglichen Eigenfunktionen einer Messgröße. Bedeutet das, dass die oftmals unendlich vielen Eigenwerte alle im Objekt vorhanden sind? Was soll man sich unter einem Objekt vorstellen, das an sehr vielen Orten gleichzeitig ist oder gleichzeitig sehr viele Impulse und Energiewerte besitzt? Beobachtet wird doch immer nur ein Wert. Problematisch an der Zustandsfunktion ist ferner, dass sie nach den jeweiligen Eigenfunktionen des Operators nur einer dynamischen Variable entwickelt werden kann, aber niemals gleichzeitig nach den Eigenfunktionen aller dynamischen Variablen. Entwickelt man die Zustandsfunktion nach den Impulseigenfunktionen, kann man dann dem Objekt noch einen Ort zusprechen?

Unschärferelation: Variablen, die nicht gleichzeitig in der Zustandsfunktion vorhanden sind, können gemeinsam in einer Ungleichung auftauchen – nämlich in der Heisenbergschen Unschärferelation, allerdings auf eine sehr merkwürdige Weise. Die Unschärferelation besagt, dass das Produkt der Standardabweichungen (Δ) zweier nicht-kommutierender Variablen immer größer oder gleich einer positiven Konstanten ist. Für Ort und Impuls gilt: $\Delta x \cdot \Delta p \geq \frac{\hbar}{2}$. Die merkwürdige Eigenart dieser Ungleichung wird deutlich, wenn man sich fragt, was mit einem Objekt bei einer Messung geschehen muss, damit diese Ungleichung erfüllt bleibt. Führt man zum Beispiel eine sehr exakte Ortsmessung durch, so dass die Standardabweichung der Ortswerte null wird, dann muss die Standardabweichung der Impulswerte unendlich groß werden. Ein genauer Ort führt somit zur völligen Unbestimmtheit des Impulses. Führt man danach eine Impulsmessung durch, so dass die Standardabweichung der Impulswerte verschwindet, so muss, damit die Ungleichung erfüllt bleibt, die Standardabweichung der Ortswerte unendlich groß werden. Die Messung einer Variable verändert demnach die Streuung der Werte anderer Variablen. Bedeutet das, dass die Messung einer Größe die anderen Variablen physikalisch verändert? Heisenberg stellte einmal die These auf, dass die Messung das Objekt störe, so dass z. B. eine Ortsmessung den Impuls unvorhersagbar verändere. Wenn aber die Ursache für die Variablenstreuung das Messgerät wäre, dann wäre schwer zu verstehen, warum verschiedene Messgeräte dieselbe Ungleichung erfüllen. Man kann eine beliebige Variable mit verschiedenen Geräten messen – müssten nicht verschiedene Geräte das beobachtete System auf verschiedene Weise stören? Die Heisenbergschen Unschärferelationen gelten universell für alle Messapparaturen; zumindest konnte bislang keine Abhängigkeit der Werteverteilung von der Messart festgestellt werden.

Reduktion der Zustandsfunktion: Vor einer Beobachtung ist die Zustandsfunktion einer zu messenden Größe in der Regel als Superposition sehr vieler Eigenfunktionen gegeben, nach der Beobachtung liegt meist nur eine Eigenfunktion vor, welche den gemessenen Wert repräsentiert. Betrachtet man die Zustandsfunktion als eine physikalische Beschreibung des wirklichen Objekts und nicht nur als unser Wissen über das Objekt, so stellt sich das Problem, wie in der Beobachtung der Übergang von der Superposition vieler Eigenwerte zu einem einzigen Eigenwert erfolgt. Dies ist das berühmte Problem der „Reduktion des Wellenpaketes". Es liegt nahe, die Reduktion physikalisch zu erklären, indem man den Formalismus der QM anwendet auf die Situation der Wechselwirkung eines Messgerätes mit dem zu messenden Objekt. Dies löst jedoch das Problem nicht; im Gegenteil, es demonstriert eine weitere seltsame Eigenschaft der QM. Wechselwirken nämlich zwei Objekte (z. B. ein Messgerät und ein Messobjekt) miteinander, so verlieren beide Systeme ihre Individualität und bilden ein unteilbares Gesamtsystem. Dieses Gesamtsystem ist wieder als Superposition gegeben, so dass die Messung die ursprüngliche Superposition des Messobjekts nicht aufhebt, sondern auf die Superposition des gesamten Systems Gerät + Objekt verschiebt.

Bahnbegriff und Unstetigkeit: Unsere herkömmliche Vorstellung von der physikalischen Wirklichkeit ist, dass die Welt aus Objekten besteht, die räumlich voneinander getrennt sind und die sich in der Zeit durch den Raum bewegen. Umso verwunderlicher ist, dass es in der QM den Bahnbegriff nicht gibt. Geht man von der Teilchenvorstellung aus, so liefert die QM keine Beschreibung, auf welche raumzeitliche Weise ein Objekt von einem Ort zu einem anderen gelangt. Der Physiker und Kosmologe Wheeler vertritt sogar den Standpunkt: „*so etwas wie die Raumzeit gibt es nicht in der realen Welt der Quantenphysik.* Raumzeit ist ein klassischer Begriff, er ist nicht vereinbar mit dem Quantenprinzip" (Wheeler 1973: 227). [1] In diese Richtung weisen mehrere weitere Phänomene der QM, z. B. die Quantisierung der Energieniveaus der Atome. Atome ändern beim Übergang von einem stationären Zustand zu einem anderen ihre Energie plötzlich und die Bewegung der Elektronen von dem einen Zustand in einen anderen lässt sich räumlich nicht beschreiben. Wegen dieses Problems kamen Bohr, Pauli und Heisenberg zu der Überzeugung, „daß eine anschauliche raum-zeitliche Beschreibung der Vorgänge im Atom nicht möglich wäre" (Heisenberg 1985: 90).

Spin: Ein weiteres Beispiel für die Raumproblematik ist der Spin. Der Spin wird oft als Eigendrehimpuls beschrieben, was man aber nur als eine anschauliche Analogie auffassen darf. Was der Spin tatsächlich ist, ist auch heute noch umstritten.

Konfigurationsraum: Die Frage, ob es nach der QM einen Raum, wie wir ihn uns vorstellen oder wie es die Allgemeine Relativitätstheorie in modifizierter Form annimmt, tatsächlich gibt, hängt zusammen mit der Frage nach der Natur des mathematischen Konfigurationsraumes. Die Prozesse der QM laufen in einem abstrakten mathematischen Zustandsraum ab, dem sogenannten Hilbertraum, und es stellt sich die Frage, ob der Konfigurationsraum ein wirklicher Raum ist. Dieser Raum ist

---

[1] *„there is no such thing as spacetime in the real world of quantum physics.* Spacetime is a classical concept. It is incompatible with the quantum principle."

unendlich-dimensional und die Anzahl der Dimensionen hängt davon ab, wie viele Objekte man in seine Betrachtung einbezieht. Außerdem ist er komplex, d.h. er hat nicht nur reelle Komponenten, sondern auch imaginäre, in der Physik gilt aber das Postulat, dass nur reelle Werte Realität besitzen.

Wahrscheinlichkeiten: Die QM beschreibt nicht, wie ein Objekt von einem Ort zu einem anderen gelangt, stattdessen liefert die Theorie Wahrscheinlichkeiten, mit denen die Objekte an den verschiedenen Orten beobachtet werden können. Diese Wahrscheinlichkeiten betrachten manche Interpreten als ein weiteres Argument für die Unvollständigkeit der Theorie; so führte die Behauptung, ein Vorgang sei nicht durch irgendwelche Ursachen vollständig bestimmt, bei Einstein zu einer ablehnenden Haltung gegenüber der Theorie: „Gott würfelt nicht." Manche Wissenschaftler und Philosophen betrachten es geradezu als ein Ziel der Wissenschaft, im scheinbar zufälligen Chaos unserer Sinnesdaten verborgene Gesetze aufzudecken. In der QM gilt dies umso mehr, da die quantenmechanischen Wahrscheinlichkeiten kein zufälliges Chaos bilden, sondern eine gesetzmäßige Natur haben. Wie kann aber der undeterminierte Zufall einem Gesetz folgen? Die Gesetzmäßigkeit des Wahrscheinlichkeitsprozesses scheint doch auf systematische Faktoren hinzuweisen.

B. Kopenhagener Interpretation

Niels Bohr versammelte um sich in Kopenhagen eine Gruppe junger Physiker, die maßgeblich am Aufbau der QM beteiligt waren. Bohr bildete einen der führenden Vertreter der Kopenhagener Interpretation, zu der sich u.a. Werner Heisenberg, Wolfgang Pauli und Pascual Jordan bekannten und die lange Zeit unter Physikern vermutlich die beliebteste Deutung war. Diese Interpretation lässt sich folgendermaßen zusammenfassen (Bohr 1985; Heisenberg 1990):

Die klassische Ontologie, der zufolge physikalische Systeme in all ihren Eigenschaften unabhängig vom Beobachtungssystem existieren, wird aufgegeben. Es gibt eine unteilbare Verknüpfung von Quantensystem und Messgerät, welches nur zusammen als sogenanntes Quantenphänomen auftritt. Und weil es für die tatsächlichen Abläufe im Atom nicht die passende Sprache gibt, müssen alle Experimente und ihre Ergebnisse in der ungenauen Sprache der klassischen Physik beschrieben werden. Wegen der unaufhebbaren Verknüpfung von Quantensystem und Messgerät und wegen der nicht völligen Adäquatheit der klassischen Begriffe sind der gleichzeitigen Anwendbarkeit von bestimmten klassischen Begriffen Grenzen gesetzt. Welche klassischen Begriffe in einer gegebenen Situation benutzt werden können, hängt von der jeweiligen Experimentalanordnung ab. In einigen Experimentalanordnungen kann man zum Beispiel den Ortsbegriff benutzen, dann macht der Impulsbegriff keinen Sinn, in anderen Experimentalanordnungen ist es umgekehrt. Die Heisenbergschen Unschärferelationen sind der Ausdruck dessen, dass diese Begriffe nur ungenau auf die Natur passen. (Man bedenke nur, dass in der klassischen Physik der Impuls die Ableitung des Ortes nach der Zeit, die Geschwindigkeit, enthält, es aber in der QM den Bahnbegriff gar nicht gibt.) Die verschiedenen Beschreibungen eines Systems in mehreren Situationen, welche zu Widersprüchen führen würden, wollte man sie in einem einzigen Bild zusammenfassen, bezeichnete Bohr als komplementär. Derartig komplementär seien z. B. der Teilchen- und der Wellenbegriff, die nur in bestimmten und sich gegenseitig ausschließenden Experimentalanordnungen benutzt werden könnten. Die raumzeitliche Beschreibung und die Forderung der Kausalität waren für Bohr ebenfalls komplementär.

Ein Experiment besteht aus drei Abschnitten: Zunächst wird das Untersuchungsobjekt präpariert und die Wahrscheinlichkeitsfunktion Ψ dafür bestimmt. Dann berechnet man Ψ im Lauf der Zeit und diese Funktion gibt die Wahrscheinlichkeiten dafür an, was man schließlich in einer folgenden Messung erhält. Die Registrierung eines Objektes (die Reduktion des Wellenpaketes) beruht auf irreversiblen Prozessen im Registriergerät, die prinzipiell nicht näher bestimmt werden können. Der quantenmechanische Formalismus, vor allem die Wahrscheinlichkeitsfunktion, ist (zumindest für Bohr) nur ein symbolisches Schema, das Wahrscheinlichkeitsvoraussagen über indeterministische Messergebnisse macht; er sagt nichts über die Natur aus. Was zwischen zwei Beobachtungen physikalisch geschieht, kann nicht angegeben werden – trotzdem wird angenommen, dass es sich um Zufallsprozesse handele und dass die quantenmechanische Beschreibung vollständig sei. Neben Niels Bohr war Werner Heisenberg ein Hauptvertreter der Kopenhagener Interpretation. Heisenberg ging jedoch in seiner Deutung in einem wichtigen Punkt über Bohr hinaus, er deutete nämlich die Wahrscheinlichkeitsfunktion als eine ontologische Potenzialität, die aber nicht in raumzeitlichen Begriffen beschrieben werden könne, und deshalb könne man nicht angeben, was zwischen zwei Beobachtungen passiert. Für alle Kopenhagener Interpreten gilt wieder, dass der Formalismus nicht nur für Mikroobjekte, sondern auch für Makroobjekte zuständig sei. Wegen der Forderung der klassischen Beschreibbarkeit muss aber in einem Experiment eine Einteilung der Welt in einen zu untersuchenden quantenmechanischen Gegenstand einerseits und der restlichen Welt mit den klassisch zu beschreibenden Messgeräten andererseits vorgenommen werden. Die Lage dieses Schnittes zwischen dem Quantensystem, welches ein Mikro- oder ein Makroobjekt sein kann, und der restlichen Welt ist willkürlich bzw. hängt von der experimentellen Fragestellung ab.

Diese Kopenhagener Deutung der QM ist teilweise durchaus überzeugend; trotzdem müssen ein paar kritische Anmerkungen zu dieser Deutung gemacht werden: Während Bohr vor der Entdeckung der QM in ihrer heutigen Form noch hoffte, „daß sich im Laufe der Zeit neue Begriffe bilden, mit denen wir auch diese unanschaulichen Vorgänge im Atom irgendwie ergreifen können" (Heisenberg 1985: 54), gab Bohr die Suche nach neuen Begriffen später auf und leugnete den klassischen Anspruch der Physik, eine objektive Naturbeschreibung zu liefern. Für ihn waren physikalische Theorien nur Instrumente zur Berechnung von Vorhersagen. Diese instrumentalistische Bewertung der Physik ist natürlich aus objektivistischer Sicht sehr unbefriedigend. Unklar ist bei den Kopenhagener Interpreten vor allem, warum wir auf die Begriffe der klassischen Physik unabdingbar angewiesen sein sollen, warum wir keine neuen Begriffe erlernen können, wie Bohr es selbst ursprünglich annahm und wie Heisenberg es später selbst wieder andeutete. Die

Geschichte der Wissenschaft und der Philosophie und die verschiedenen Kulturen auf der Welt belegen deutlich die Grundeinstellung der heutigen Psychologie, wonach der Mensch eine sehr umfangreiche Lernfähigkeit besitzt. Seit der Entstehung der Kopenhagener Interpretation hat sich beispielsweise der Informationsbegriff entwickelt und der Vakuumbegriff verändert.

Ein weiterer kritischer Punkt ist, dass nach dieser Deutung der Teilchen- und der Wellenaspekt komplementäre Beschreibungen sind, die nur in verschiedenen Experimentalanordnungen anwendbar sind. Hiergegen spricht, dass der Wellen- und der Teilchenaspekt in einer einzigen Versuchsanordnung auftreten können. Hält man beim Doppelspaltversuch die Intensität der Lichtquelle so gering, dass die Energiequanten einzeln ausgestrahlt werden, so entstehen auf der photographischen Platte nacheinander punktförmige Schwärzungen, die als Teilchen gedeutet werden. Viele aufeinanderfolgende Schwärzungen erzeugen jedoch auf der photographischen Platte ein Muster stärkerer und schwächerer Intensitäten, die sogenannten Interferenzstreifen, was dem Wellenaspekt entspricht.

Unklar ist auch, warum die Wechselwirkung von Messobjekt und Messgerät prinzipiell unbeschreibbar sein soll. Prinzipielle Argumente sind in der Wissenschaft schon oft im Nachhinein widerlegt worden. Der damit verbundene, mehr oder weniger willkürliche Schnitt zwischen dem Quantensystem und dem Rest der Welt ist ebenfalls unbefriedigend. Es kann sich hierbei nicht allein um das Problem mangelnder Begriffe handeln, denn wir beobachten doch raumzeitliche Makroobjekte (was als Beobachtungsphänomen vor der physikalischen Begriffsebene liegt). Die Kopenhagener Interpretation muss irgendwie annehmen, dass klassische Makroobjekte (beispielsweise als Messgeräte) tatsächlich existieren. Wieso kann man aber die Existenz raumzeitlicher Messgeräte annehmen, obwohl der Formalismus auch für Makroobjekte gültig sein soll und man sie also auch als raumzeitlich unbeschreibbare Objekte auffassen soll. Bezüglich der Existenz von klassischen bzw. raumzeitlichen Makrokörpern sind die Kopenhagener Interpreten sehr widersprüchlich.

Literaturverzeichnis

Adami, C. (1998): *Introduction to Artificial Life*. New York.

Arendes, L. (1996): ‚Ansätze zur physikalischen Untersuchung des Leib-Seele-Problems'. *Philosophia Naturalis 33: 55-81.*

Arendes, L. (2023a): *Das Realismusproblem in der Quantenmechanik. Gibt die Physik Wissen über die Natur?* 3. Auflage, BoD, Norderstedt. Frühere Version erschienen unter: *Gibt die Physik Wissen über die Natur? Das Realismusproblem in der Quantenmechanik.* Würzburg 1992. Magisterarbeit an der Univ. Gießen 1988.

Arendes, L. (2023b): *Gibt es ein Überleben des körperlichen Todes? Empirische und theoretische Untersuchungen der Parapsychologie zur Überlebenshypothese.* 2. Auflage, BoD, Norderstedt.

Arendes, L. (2024): *Das Computer-Weltbild. Funktionen der Naturphilosophie in der Naturwissenschaft.* 2. Auflage, BoD, Norderstedt.

Aristoteles (1984): *Metaphysik. Schriften zur Ersten Philosophie.* Stuttgart.

Barrett, W. F. (1926): *Death-bed visions*. London.

Barrow, J. D., Tipler, F. J. (1986): *The Anthropic Cosmological Principle.* Oxford.

Bell, J. (1964): ‚On the Einstein Podolsky Rosen Paradox'. *Physics 1: 195-200.*

Bender, H. (Hrsg.) (1980): *Parapsychologie. Entwicklung, Ergebnisse, Probleme.* 5. Aufl., Darmstadt.

Bennett, C. H. et al. (1993): ‚Teleporting an unknown state via dual classical and Einstein-Podolski-Rosen channels'. *Phys. Rev. Lett. 70: 1895-1899.*

Bennett, J., Dohane, M., Schneider, N., Voit, M. (2021): *Astronomie. Die kosmische Perspektive.* 9., aktual. Auflage, München.

Bernstein, M. (1973): *Protokoll einer Wiedergeburt. – Der weltbekannte Fall Bridey Murphy: Der Mensch lebt nicht nur einmal.* München.

Bohm, D. (1986): ‚Vorschlag einer Deutung der Quantentheorie durch „verborgene" Variable'. In: K. Baumann, R. Sexl (Hrsg.): *Die Deutungen der Quantentheorie.* 2. Aufl., Braunschweig, 163-192.

Bohm, D., Hiley, B. J. (1993): *The undivided universe. An ontological interpretation of quantum theory.* London.

Bohm, D., Vigier, J.-P. (1954): ‚Model of the Causal Interpretation of Quantum Theory in Terms of a Fluid with irregular Fluctuations'. *Phys. Rev. 96: 208-216.*

Bohr, N. (1985): *Atomphysik und menschliche Erkenntnis. Aufsätze und Vorträge aus den Jahren 1930-1961.* Braunschweig.

Bouwmeester, D., Pan, J.-W., Mattle, K., Eibl, M., Weinfurter, H., Zeilinger, A. (1997): ‚Experimental quantum teleportation'. *Nature 390:* 575-579.

Broad, C. D. (1962): *Lectures on Psychical Research.* New York.

Broad, C. D. (1980): *The Mind and its Place in Nature.* Neuauflage von 1925. London.

Bunge, M. (1967): *Scientific Research. Bd. I, II.* Berlin.

Chauvet, G. (1995a): *La vie dans la matière. Le rôle de l'espace en biologie.* Flammarion.

Chauvet, G. (1995b): *Theoretical Systems in Biology: Hierarchical & Functional Integration. Vol. I: Molecules and Cells. Vol. II: Tissues and Organs. Vol. III: Organisation and Regulation.* Oxford.

Davydov, A. S. (1982): *Biology & Quantum Mechanics.* Oxford.

Deecke, L., Grözinger, B., Kornhuber, H. H. (1976): ‚Voluntary Finger Movement in Man: Cerebral Potentials and Theory'. *Biol. Cybern. 23: 99-119.*

Descartes, R. (1977): *Meditationes de prima philosophia.* Hamburg.

Descartes, R. (1979): *Regeln zur Ausrichtung der Erkenntniskraft.* Hamburg.

Dörner, D. (1979): *Problemlösen als Informationsverarbeitung.* 2. Aufl., Stuttgart.

Dosch, H. G. (Hrsg.) (1995): *Teilchen, Felder und Symmetrien.* 2. Aufl., Heidelberg.

Driesch, H. (1928): *Philosophie des Organischen.* 4. Aufl., Leipzig.

Dröscher, W., Heim, B. (1996): *Strukturen der physikalischen Welt und ihrer nichtmateriellen Seite.* Innsbruck.

Edelman, G. M. (1989): *The Remembered Present. A Biological Theory of Consciousness.* New York.

Edelman, G. M. (1993): *Unser Gehirn – ein dynamisches System. Die Theorie des neuronalen Darwinismus und die biologischen Grundlagen der Wahrnehmung.* München.

Edelman, G. M., Tononi, G. (2000): *A Universe of Consciousness. How Matter Becomes Imagination.* New York.

Ehlers, J., Börner, G. (Hrsg.) (1996): *Gravitation.* 2. Aufl., Heidelberg.

Eigen, M. (1971): ‚Self-organization of matter and the evolution of biological macromolecules'. *Naturwiss. 58: 465-523.*

Eigen, M. (1996): *Steps towards Life. A perspective on evolution.* Oxford.

Einstein, A. (1920): ‚Äther und Relativitäts-Theorie'. In: A. Einstein (1986): *Ausgewählte Texte*. Herausgegeben von H. C. Meiser. München, 180-198.

Einstein, A. (1960): *Briefe an Maurice Solovine*. Berlin.

Einstein, A., Podolsky, B., Rosen, N. (1986): ‚Kann man die quantenmechanische Beschreibung der physikalischen Wirklichkeit als vollständig betrachten?' In: K. Baumann, R. Sexl (Hrsg.): *Die Deutungen der Quantentheorie*. 2. Aufl., Braunschweig, 80-86.

Engels, E.-M. (1982): *Die Teleologie des Lebendigen. Kritische Überlegungen zur Neuformulierung des Teleologieproblems in der angloamerikanischen Wissenschaftstheorie. Eine historisch-systematische Untersuchung.* Berlin.

Falkenburg, B. (1995): *Teilchenmetaphysik. Zur Realitätsauffassung in Wissenschaftsphilosophie und Mikrophysik.* 2. Aufl., Heidelberg.

Finkelstein, D. (1991): ‚Theory of Vacuum'. In: S. Saunders, H. R. Brown (Hrsg.): *The Philosophy of Vacuum*. Oxford, 251-274.

Föllinger, O. (1994): *Regelungstechnik. Einführung in die Methoden und ihre Anwendung.* 8. Aufl., Heidelberg.

Frisch, M. (2012): ‚Kausalität in der Physik'. In: M. Esfeld (Hrsg.): *Philosophie der Physik*. Berlin, S. 411-426.

Fröhlich, H. (Hrsg.) (1988): *Biological Coherence and Response to External Stimuli.* Berlin.

Fulcher, L. P., Rafelski, J., Klein, A. (1994): ‚Der Zerfall des Vakuums'. In: W. Greiner & G. Wolschin (Hrsg.): *Elementare Materie, Vakuum und Felder.* 2. Aufl., Heidelberg, 48-57.

Gauld, A. (1983): *Mediumship and Survival. A Century of Investigations.* London.

Genz, H. (1992): *Symmetrie – Bauplan der Natur.* 2. Aufl., München.

Genz, H. (1994): *Die Entdeckung des Nichts. Leere und Fülle im Universum.* München.

Genz, H., Decker, R. (1991): *Symmetrie und Symmetriebrechung in der Physik.* Braunschweig.

Glansdorff, P., Prigogine, I. (1971): *Thermodynamic Theory of Structure, Stability and Fluctuations.* New York.

Gould, S. J. (2002): *The Structure of Evolutionary Theory.* Cambridge (Mass.)

Green, C. (1968): *Out-of-the-Body-Experiences.* Oxford.

Green, C., McCreery, C. (1975): *Apparitions.* London.

Greiner, W., Reinhardt, J. (1984): *Theoretische Physik. Bd. 7: Quantenelektrodynamik.* Frankfurt a. M.

Greiner, W., Wolschin, G. (Hrsg.) (1994a): *Elementare Materie, Vakuum und Felder.* 2. Aufl., Heidelberg.

Greiner, W., Wolschin, G. (1994b): ‚Einführung'. In: W. Greiner & G. Wolschin (Hrsg.): *Elementare Materie, Vakuum und Felder*. 2. Aufl., Heidelberg, 7-17.

Haken, H. (1982): *Synergetik. Eine Einführung*. Berlin.

Haken, H. (1988): *Information and Self-Organization. A Macroscopic Approach to Complex Systems*. Berlin.

Haken, H., Wunderlin, A. (1991): *Die Selbststrukturierung der Materie. Synergetik in der umbelebten Welt*. Braunschweig.

Hart, H., et al. (1956): ‚Six Theories About Apparitions'. *Proc. Soc. Psych. Res. 50: 153- 239*.

Hartmann, N. (1948): *Zur Grundlegung der Ontologie*. 3. Aufl., Meisenheim.

Hartmann, N. (1949a): *Der Aufbau der realen Welt. Grundriß der allgemeinen Kategorienlehre*. 2. Aufl., Meisenheim.

Hartmann, N. (1949b): *Ethik*. 3. Aufl., Berlin.

Hartmann, N. (1950): *Philosophie der Natur. Abriß der speziellen Kategorienlehre*. Berlin.

Hartmann, N. (1951): *Teleologisches Denken*. Berlin.

Hechter, M., Nadel, L., Michod, R. E. (Hrsg.) (1993): *The Origin of Values*. New York.

Heim, B. (1983): *Elementarstrukturen der Materie. Einheitliche strukturelle Quantenfeldtheorie der Materie und Gravitation, Bd. 2*. Innsbruck.

Heim, B. (1989): *Elementarstrukturen der Materie. Einheitliche strukturelle Quantenfeldtheorie der Materie und Gravitation, Bd. 1*. Überarb. 2. Aufl., Innsbruck.

Heim, B. (1994): *Postmortale Zustände? Die televariante Area integraler Weltstrukturen*. 3. Aufl., Innsbruck.

Heim, B. (1995): *Der kosmische Erlebnisraum des Menschen*. 3. Aufl., Innsbruck.

Heim, B., Dröscher, W. (1985): *Einführung in Burkhard Heim Elementarstrukturen der Materie mit Begriffs- und Formelregister*. Innsbruck.

Heisenberg, W. (1967): *Einführung in die einheitliche Feldtheorie der Elementarteilchen*. Stuttgart.

Heisenberg, W. (1985): *Der Teil und das Ganze. Gespräche im Umkreis der Atomphysik*. 9. Aufl., München.

Heisenberg, W. (1990): *Physik und Philosophie*. 5. Aufl., Stuttgart. Das Original ‚Physics and Philosophy' erschien 1958 in: The World Perspective Series. Herausgegeben von R. N. Ansien, New York.

Hiley, B. J. (1991): ‚Vacuum or Holomovement'. In: S. Saunders, H. R. Brown (Hrsg.): *The Philosophy of Vacuum*. Oxford, 217-249.

Hirschberger, J. (1981): *Geschichte der Philosophie. Bd. I: Altertum und Mittelalter*. 12. Aufl., Freiburg.

Holton, G. (1973): *Thematic Origins of Scientific Thought: Kepler to Einstein*. Cambridge.

Hubbard, J. H., West, B. H. (1995): *Differential Equations: A Dynamical Systems Approach. Higher Dimensional Systems*. Berlin.

Husserl, E. (1993): *Logische Untersuchungen. Bd. II: Untersuchungen zur Phänomenologie und Theorie der Erkenntnis*. 7. Aufl., Tübingen.

Hussy, W. (1984): *Denkpsychologie. Ein Lehrbuch. Band 1: Geschichte, Begriffs- und Problemlöseforschung, Intelligenz*. Stuttgart.

Irvine, A. D. (Hrsg.) (2009): *Philosophy of Mathematics*. Amsterdam.

James, W. (1910): ‚Report on Mrs. Piper's Hodgson-Control'. *Proc. Soc. Psych. Res. 23: 2-121*.

Jantsch, E. (1992). *Die Selbstorganisation des Universums. Vom Urknall zum menschlichen Geist*. München.

Jonas, F. (1981): *Geschichte der Soziologie. Bd. 1, 2*. 2. Aufl., Opladen.

Jordan, P. (1932): ‚Die Quantenmechanik und die Grundprobleme der Biologie und Psychologie'. *Naturwiss. 20: 815-821*.

Jordan, P. (1938): ‚Die Verstärkertheorie der Organismen in ihrem gegenwärtigen Stand'. *Naturwiss. 26: 537-545*.

Kanitscheider, B. (1979): *Philosophie und moderne Physik. Systeme · Strukturen · Synthesen*. Darmstadt.

Kanitscheider, B. (1986): ‚Gibt es Grenzen der physikalischen Beschreibung in Raum und Zeit?' In: H. Burger (Hrsg.): *Zeit, Mensch und Natur*. Berlin, 116-145.

Kanitscheider, B. (1987): ‚Probleme und Grenzen einer geometrisierten Physik'. In: P. Weingartner, G. Schurz (Hrsg.): *Logik, Wissenschaftstheorie und Erkenntnistheorie. Akten des 11. Internationalen Wittgenstein-Symposiums 1986*. Wien, 129-144.

Kanitscheider, B. (1988): *Das Weltbild Albert Einsteins*. München.

Kant, I. (1982): *Kritik der reinen Vernunft*. Stuttgart.

Keller, H.-U. (2019): *Kompendium der Astronomie. Eine Einführung in die Wissenschaft vom Universum*. 6. Auflage, Stuttgart.

Kimura, M. (1988): ‚Die „neutrale" Theorie der molekularen Evolution'. In: *Spektrum der Wissenschaft: Evolution: Die Entwicklung von den ersten Lebensspuren bis zum Menschen*. Heidelberg, 100-108.

Krohs, U., Toepfer, G. (Hrsg.) (2005): *Philosophie der Biologie. Eine Einführung*. Frankfurt a. M.

Langton, C. G. (Hrsg.) (1995): *Artificial Life. An Overview*. Cambridge, Mass.

Laszlo, E. (1996): *The Systems View of the World. A Holistic Vision for Our Time.* Cresskill.

Libet, B. (1993): *Neurophysiology of Consciousness.* Boston.

Ma, X.-S. et al. (2012): ‚Quantum teleportation over 143 kilometres using active feed-forward'. *Nature 489*: 269-273.

Margenau, H. (1977): *The Nature of Physical Reality. A Philosophy of Modern Physics.* Woodbridge.

Mattiesen, E. (1987): *Das persönliche Überleben des Todes. Eine Darstellung der Erfahrungsbeweise. Bd. I-III.* Neuauflage der Auflage von 1936/1939, Berlin.

Mayr, E. (1991): *Eine neue Philosophie der Biologie.* München.

Miebach, B. (1991): *Soziologische Handlungstheorie. Eine Einführung.* Opladen.

Minkowski, H. (1908): ‚Raum und Zeit'. Vortrag; abgedruckt in: H. A. Lorentz, A. Einstein, H. Minkowski (1982): *Das Relativitätsprinzip. Eine Sammlung von Abhandlungen.* Darmstadt, 54-66.

Misner, C. W., Thorne, K. S., Wheeler, J. A. (1973): *Gravitation.* San Francisco.

Moody, R. A. (1977): *Leben nach dem Tod.* Reinbek.

Müller, B., Reinhardt, J. (1990): *Neural Networks. An Introduction.* Berlin.

Nielsen, M. A., Chuang, I. L. (2000): *Quantum Computation and Quantum Information.* Cambridge (UK).

Osis, K., Haraldsson, E. (1978): *Der Tod – Ein neuer Anfang.* Freiburg i. Br.

Penfield, W., Roberts, L. (1959): *Speech and Brain-Mechanisms.* Princeton.

Penrose, R. (1971): ‚Angular Momentum: An Approach To Combinatorial Space-Time'. In: T. Bastin (Hrsg.): *Quantum Theory and Beyond.* Cambridge (UK), 151-180.

Penrose, R. (1975): ‚Twistor Theory, its Aims and Achievements'. In: C. J. Isham, R. Penrose, D. W. Sciama (Hrsg.): *Quantum Gravity.* Oxford, 268-407.

Penrose, R. (1994): *Shadows of the Mind. A Search for the Missing Science of Consciousness.* Oxford.

Piaget, J. (1973): *Einführung in die genetische Erkenntnistheorie.* Frankfurt a. M.

Piaget, J. (1974): *Biologie und Erkenntnis. Über die Beziehungen zwischen organischen Regulationen und kognitiven Prozessen.* Frankfurt a. M.

Platon (1994): *Sämtliche Werke, Bd. 2.* Reinbek.

Poon, C.-S. (1987): ‚Ventilatory control in hypercapnia and exercise: optimization hypothesis'. *J. Appl. Physiol. 62: 2447-2459.*

Popper, K. (1935): *Logik der Forschung.* Wien.

Popper, K. (1995): *Objektive Erkenntnis. Ein evolutionärer Entwurf*. 3. Aufl., Hamburg.

Primas, H. (1983): *Chemistry, Quantum Mechanics and Reductionism*. 2. Aufl., Berlin.

Primas, H. (1984): ‚Verschränkte Systeme und Komplementarität'. In: B. Kanitscheider (Hrsg.): *Moderne Naturphilosophie*. Würzburg, 243-260.

Rafelski, J., Müller, B. (1985): *Die Struktur des Vakuums. Ein Dialog über das Nichts*. Frankfurt a. M.

Rapoport, A. (1988): *Allgemeine Systemtheorie. Wesentliche Begriffe und Anwendungen*. Darmstadt.

Reimann, H., Giesen, B., Goetze, D., Schmid, M. (1985): *Basale Soziologie: Theoretische Modelle*. 3. Aufl., Opladen.

Ring, K. (1982): *Life at Death. A Scientific Investigation of the Near-Death Experience*. New York.

Ring, K. (1986): *Den Tod erfahren – das Leben gewinnen. Erkenntnisse und Erfahrungen von Menschen, die an der Schwelle zum Tod gestanden und überlebt haben*. 2. Aufl., Bern.

Sabom, M. B. (1982*): Erinnerung an den Tod. Eine medizinische Untersuchung*. 2. Aufl., Berlin.

Sachsse, H. (1971): *Einführung in die Kybernetik*. Braunschweig.

Saunders, S., Brown, H. R. (Hrsg.) (1991a): *The Philosophy of Vacuum*. Oxford.

Saunders, S., Brown, H. R. (1991b): ‚Reflections on Ether'. In: S. Saunders, H. R. Brown, (Hrsg.): *The Philosophy of Vacuum*. Oxford, 27-64.

Schmutzer, E. (1996): ‚Die fünfte Dimension'. In: W. Neuser, K. Neuser-von-Oettingen (Hrsg.): *Quantenphilosophie*. Heidelberg, 168-175.

Schorlemmer, F. (Hrsg.) (1995): *Das Buch der Werte. Wider die Orientierungslosigkeit in unserer Zeit*. Stuttgart.

Shapiro, J. A. (1997): ‚Genome organization, natural genetic engineering and adaptive mutation'. *Trends in Genetics 13: 98-104*.

Steiner, M. (1989): ‚The application of mathematics to natural science'. *Jn. of philosophy 86, 9: 449-480*.

Stevenson, I. (1984): *Unlearned Language. New Studies in Xenoglossy*. Charlottesville.

Stevenson, I. (1986): *Reinkarnation. Der Mensch im Wandel von Tod und Wiedergeburt. 20 überzeugende und wissenschaftlich bewiesene Fälle*. 5. Aufl., Freiburg i. Br.

Stevenson, I. (1999): *Reinkarnationsbeweise. Geburtsnarben und Muttermale belegen die wiederholten Erdenleben des Menschen*. Grafing.

Stevenson, I. (2005): *Reinkarnation in Europa. Erfahrungsberichte*. Grafing.

Stöckler, M. (1984): *Philosophische Probleme der relativistischen Quantenmechanik*. Berlin.

Stöckler, M. (1990): ‚Emergenz. Bausteine für eine Begriffsexplikation'. *Conceptus XXIV, 63: 7-24.*

Stöckler, M. (1997): *Philosophische Probleme der Elementarteilchenphysik*. Habilitationsschrift Univ. Gießen. München.

Terzopoulos, D., Tu, X., Grzeszczuk, R. (1994): ‚Artificial Fishes: Autonomous Locomotion, Perception, Behavior, and Learning in a Simulated Physical World'. *Artificial Life 1(4): 327-351.*

Vollmer, G. (1983): *Evolutionäre Erkenntnistheorie*. 3. Aufl., Stuttgart.

Vollmer, G. (1986): *Was können wir wissen? Bd. 2: Die Erkenntnis der Natur.* Stuttgart.

Vollmer, G. (1995): *Auf der Suche nach Ordnung. Beiträge zu einem naturalistischen Welt- und Menschenbild.* Stuttgart.

von Bertalanffy, L. (1968): *General System Theory. Foundations, Development, Applications.* New York.

von Campenhausen, C. (1981): *Die Sinne des Menschen, Bd. I: Einführung in die Psychophysik der Wahrnehmung.* Stuttgart.

von Hartmann, E. (1906): *Das Problem des Lebens. Biologische Studien.* Bad Sachsa.

von Weizsäcker, C. F. (1974): ‚Evolution und Entropiewachstum'. In: E. v. Weizsäcker (Hrsg.): *Offene Systeme I.* Stuttgart, 200-221.

Wheeler, J. A. (1973): ‚From Relativity to Mutability'. In: J. Mehra (Hrsg.): *The Physicist's Conception of Nature.* Dordrecht, 202-247.

Wickert, U. (1995): *Das Buch der Tugenden.* Hamburg.

Winfree, A. (1978): In H. Eyring (Hrsg.): *Theoretical Chemistry*, 4. Aufl., New York.

Zeh, H. D. (1970): ‚On the interpretation of measurement in quantum theory.' *Found. Phys. 1:* 69-76.

Zeilinger, A. (2002): ‚Bell's Theorem, Information and Quantum Physics'. In: R. A. Bertlmann, A. Zeilinger (Hrsg.): *Quantum [Un]speakables. From Bell to Quantum Information.* Berlin, 241-254.

Zurek, W. H. (1991, 2002): ‚Decoherence and transition from quantum to classical'. *Physics Today 44 (10):* 36. Erneute Veröffentlichung des Artikels mit neuen Zusätzen 2002 in *Los Alamos Science No. 27:* 86-109.